L'EXPLOITATION AGRICOLE

DE CANISY

PAR

LE COMTE DE KERGORLAY

DÉPUTÉ AU CORPS LÉGISLATIF, MEMBRE DE LA SOCIÉTÉ IMPÉRIALE ET CENTRALE D'AGRICULTURE

Extrait du Journal d'Agriculture Pratique.

PRIX : 1 FRANC.

PARIS

LIBRAIRIE AGRICOLE DE LA MAISON RUSTIQUE

26, RUE JACOB, 26

1859

L'EXPLOITATION AGRICOLE

DE

CANISY

PAR

LE COMTE DE KERGORLAY

MEMBRE DU CORPS LÉGISLATIF, MEMBRE DE LA SOCIÉTÉ IMPÉRIALE ET CENTRALE D'AGRICULTURE

EXTRAIT DU JOURNAL D'AGRICULTURE PRATIQUE.

PARIS

LIBRAIRIE AGRICOLE DE LA MAISON RUSTIQUE

26, RUE JACOB, 26

1859

L'EXPLOITATION AGRICOLE

DE CANISY [1]

I. — *Situation de l'exploitation.*

Cette exploitation, qui a été créée en 1835 et 1836, est située sur les communes de Canisy, de Saint-Gilles et de Saint-Ebremont, dans l'arrondissement de Saint-Lô (Manche), à huit kilomètres de cette ville.

En remontant la vallée de la Vire, on trouve, à une distance de quatre kilomètres, une vallée secondaire formée par un ruisseau nommé la Joigne ; ce ruisseau débouche à cet endroit dans la Vire, qui coule de l'ouest à l'est.

II. — *Constitution du sol.*

L'exploitation, toute d'un seul tenant, occupe les deux versants de cette vallée, ainsi que les prairies qui en forment le fond sur une longueur de plus de trois kilomètres. La vallée ayant sa direction de l'ouest à l'est, les champs sont, d'un côté, inclinés au nord, et de l'autre au sud et au sud-est.

Le sous-sol est partout le roc schisteux sur lequel s'élève la ville de Saint-Lô. A sa couche supérieure, on le trouve ordinairement à l'état de tuf pourri, facilement perméable aux racines de fougères, de luzernes et des arbres de toute espèce qui y réussissent généralement bien. Le sol lui-même est d'une profondeur variable, de $0^m.10$ sur les pentes des coteaux, à $0^m.30$ et même plus sur le haut des plateaux. Il est quelquefois séparé du sous-sol par une couche de glaise qui rend le champ sous lequel elle s'étend imperméable, et par conséquent, très-mouillant; aussi les sources y sont-elles nombreuses, et on peut facilement établir de bons abreuvoirs dans tous les champs où l'on veut faire paître les bestiaux. L'eau est toujours pure, très-bonne à boire, quelquefois un peu ferrugineuse à cause des oxydes de fer contenus dans les argiles qui forment la base du sol et du sous-sol.

L'exploitation est desservie par deux routes, celle de Saint-Lô à Granville et celle de Saint-Lô à Coutances. Saint-Lô est le principal marché; il y a une halle à grains toutes les semaines et plusieurs foires dans le courant de l'année.

III. — *Cultures habituelles du pays.*

Les cultures habituelles du pays sont le froment, l'avoine d'hiver, l'orge de printemps, le sarrasin, et le trèfle comme fourrage.

On élève des vaches et des poulains, on fait du beurre et on engraisse les vaches quand elles vieillissent.

IV. — *Salaires des ouvriers et employés.*

Lorsque j'ai organisé mon exploitation, le prix de la journée des hommes était de 1 fr. à $1^f.25$ pendant huit mois, et de $0^f.70$ à $0^f.80$ pendant les quatre mois d'hiver.

Le prix de la journée des femmes était de 1 fr. pendant la fenaison et la moisson, de $0^f.60$ en hiver et de $0^f.80$ le reste de l'année. Moyennant ces prix, ni les hommes ni les femmes n'étaient nourris. Les domestiques à gages recevaient les salaires suivants :

Les grands valets et semeurs, de 180 fr. à 230 fr.;

Les laboureurs et petits valets à tout faire, de 120 fr. à 160 fr.;

Les ménagères et vachères, de 120 fr. à 180 fr.

Tous les travaux de terrassement se faisaient à la journée. Je suis parvenu, non sans peine, à les faire exécuter presque tous à la tâche. Je ne mets pas seulement à la tâche les terrassements proprement dits, à des prix qui varient de $0^f.20$ à $0^f.50$ le mètre cube; je suis encore parvenu, après quelques tâtonnements, à faire exécuter ainsi des travaux plus difficiles à apprécier, comme des réparations de fossés dont on a coupé les haies, le curage des rigoles de toutes grandeurs, le recoupage, le chargeage et l'étendage de composts, l'arrachage de racines, betteraves, carottes, etc.

---

(1) Mémoire adressé à M. le Ministre de l'Agriculture pour le Concours de la grande prime d'honneur en 1859 dans le département de la Manche. Le jury a décerné la prime à l'exploitation de Canisy.

Pour la fenaison et pour la moisson, on avait l'habitude d'aller louer à la journée des ouvriers à des *loueries* qui se tiennent à Saint-Lô en cette saison. On les y payait de 2 à 4 fr. avec l'obligation de les bien nourrir et de leur donner à boire à discrétion. J'ai pu également me soustraire à cette pénible obligation en organisant un atelier de journaliers auxquels j'assurais de l'ouvrage pendant toute l'année, soit à la ferme, soit au potager, soit à des travaux quelconques de terrassement, à la condition qu'ils ne m'abandonneraient pas au moment de la moisson. Ces hommes, réunis aux charretiers, laboureurs, batteurs, etc., me formaient un atelier de 21 à 22 faucheurs qui expédiaient rapidement mes récoltes. Tous les journaliers n'étaient payés que 1f.25 ou 1f.50 sans nourriture.

V. — *Étendue de l'exploitation.*

L'exploitation de Canisy se composait, au moment où elle a été créée, de 107 hectares de terre en labour, de 28 hectares de prairies naturelles ou d'herbages, et de 20 hectares de bois taillis ou futaies.

Les champs sont divisés en pièces de grandeurs variables, entourés de fossés plantés et de haies-vives. C'est l'usage général du pays. Souvent ces pièces n'ont que 30 à 40 ares et quelquefois moins.

Cet usage est funeste à la production agricole. Indépendamment du terrain très-considérable occupé par les fossés, et par conséquent perdu pour la culture, les racines des haies et des arbres plantés sur les fossés, l'ombre de ces arbres, le remous du vent dans tous les coins de ces petites pièces, font verser une partie des récoltes ou nuisent considérablement à leur développement.

J'ai supprimé un grand nombre des clôtures et formé de vastes champs bien carrés, bien exposés au soleil et faciles à cultiver par la longueur des sillons.

Pour former mon exploitation, j'ai été obligé de réunir trois fermes qui étaient louées ainsi qu'il suit :

La ferme dite de la *Ménagerie*. . .	3.790 fr.
Celle dite de *Saint-Gilles*.	5,000
Celle de la *Vallée*.	2,200
Soit en moyenne, 66f 60 l'hectare.	
Plus la retenue du château.	500
Total du produit des locations. . .	9,290 fr.

Ces trois fermes étaient occupées par des cultivateurs qui n'avaient ni les connaissances ni les capitaux nécessaires pour tenir leurs terres en bon état. Deux d'entre eux avaient été élevés sur une de ces fermes qui était occupée par leur mère, et la cultivaient eux-mêmes depuis près de soixante ans. Aussi les terres étaient-elles très-maigres, très-épuisées et surtout infestées de chiendent, d'avoine bulbeuse, d'oseille sauvage

et de beaucoup d'autres plantes nuisibles.

La réserve qui entourait le château se composait de 20 hectares d'herbages plantés de vieilles avenues de chênes et de hêtres. Elle était louée par an 300 f. depuis longues années à la concierge du château, qui avait peine à y nourrir quelques vaches, mais qui faisait son principal chauffage des bourrées de fougères qu'elle y récoltait par milliers.

Je crus d'abord que je serais obligé de mettre ces terrains en labour pendant quelques années pour me débarraser des fougères; mais je voulus, avant de prendre ce parti dispendieux, essayer d'un procédé qui me réussit parfaitement. On coupe habituellement la fougère avec une faux, mais il est reconnu que ce procédé ne l'empêche pas de repousser. J'essayai de la faire bâtonner. Je chargeai de cette opération deux vieillards qui ne pouvaient plus gagner leur vie par un travail régulier et à qui j'étais obligé de faire la charité. Ils y employèrent 200 journées la première année, 120 la seconde et 50 la troisième. Dès la seconde année, la fougère devint plus rare, et la bonne herbe plus abondante; à la troisième année, le progrès fut beaucoup plus marqué; à la quatrième, la fougère avait entièrement disparu, et, en mettant sur ces prairies les engrais ordinaires du pays, c'est-à-dire des composts fait avec du fumier, de la chaux et de la tangue, je les amenai bientôt à me donner 3,000 kilog. à l'hectare de foin fin, serré, délicat, tout à fait de première qualité.

L'opération m'avait coûté 740 journées qu'il serait plus juste d'estimer à 0f.75 qu'à 1 fr. la journée, soit donc de 600 à 700 fr.

VI. — *Assolement.*

Mon premier soin a été d'adopter un assolement qui eut pour résultat d'augmenter progressivement la fécondité du sol, tout en l'ameublissant et en le nettoyant. Plein de respect et d'admiration pour M. Bella et pour les beaux résultats qu'il avait obtenus à Grignon, je crus ne pouvoir mieux faire que d'imiter son assolement septennal, en l'adaptant aux habitudes de la culture du pays. Le voici tel que je l'ai pratiqué pendant dix-sept ans.

1re *sole.* — Plantes sarclées : pommes de terre, betteraves, carottes, rutabagas, pannais, féveroles, faits sur trois labours, dont un de défoncement de 0m.30 quand le sol le permet, suivi d'une fouilleuse, avec une pleine fumure de 50,000 à 60,000 kilog. à l'hectare.

Depuis plusieurs années je pratique la culture en billons et j'en obtiens d'excellents résultats.

Les betteraves repiquées réussissent chez moi mieux que celles semées en place; c'est ce premier procédé de culture que j'emploie habituellement.

Après le troisième labour, on herse et l'on

fait passer le rouleau de Crosskill. Lorsque le
moment de repiquer arrive, on ouvre la terre
avec la charrue à butter; on place le plant
sur l'ados de la terre relevée, et la charrue,
en revenant, ouvre une seconde raie dont la
terre recouvre le plant et complète l'ados.
La charrue, attelée de deux chevaux, plante
ainsi très-facilement un hectare de betteraves; six femmes suffisent pour placer le
plant. Les betteraves sont placées à 0^m.50
de distance sur 0^m.75, largeur du billon.

2e *sole.* — Froment d'hiver sur une partie; sur l'autre, orge ou avoine de printemps dans laquelle je sème
du trèfle.

Quelque soin que j'y aie apporté, je
n'ai jamais pu obtenir de bon trèfle dans
du froment d'automne; à Canisy et dans
la Manche, il ne vient que dans des céréales de printemps. D'un autre côté, le
froment d'automne vient parfaitement après
toutes les plantes sarclées, même les pommes de terre, tandis que dans d'autres pays
il ne réussit jamais bien dans cette condition. D'après cette considération, je me
suis décidé à faire la moitié de la 2e sole en
grains de printemps, pour avoir ensuite du
trèfle, et j'ai fait l'autre moitié en froment,
auquel succède de la vesce d'hiver.

3e *sole.* — Moitié trèfle et moitié vesces, coupés en
vert.
4e *sole.* — Froment d'hiver.
5e *sole.* — Colza ou lin fumés.
6e *sole.* — Froment d'hiver.
7e *sole.* — Avoine d'hiver.

On ne cultive que l'avoine d'hiver dans
mes environs. C'est moi qui ai, le premier,
essayé l'avoine de printemps. J'ai cultivé un
grand nombre de variétés, dont plusieurs
me réussissent bien; cependant jusqu'à présent l'avoine d'hiver est toujours plus pe-
sante; j'ai donc cru ne pouvoir en abandonner la culture.

J'ai eu en outre recours à une sole de
luzerne qui, grâce à quelques soins, c'est-
à-dire à des hersages et à des engrais pul-
vérulents, a duré environ douze ans. Au
bout de ce temps, la luzerne a commencé
à s'épuiser et à être remplacée par cette
bonne herbe qui pousse si facilement sur
le sol de la Manche, de sorte que ces
champs se sont trouvés insensiblement con-
vertis en herbages. On voit encore, dans une
partie du parc, quelques touffes qui sont des
débris d'une luzerne semée en 1838.

En outre des cultures principales qui con-
stituent chaque sole, j'y introduis quelques
cultures dérobées. C'est ainsi que je fais,
après la vesce et après le colza, du sarrasin
ou des navets. J'ai essayé de faire des fourrages, selon les mélanges indiqués par M. De-
zeimeris, mais j'ai été obligé d'y renoncer,
parce que, quand ils sont faits par une sé-
cheresse un peu prolongée, ils ne lèvent
pas.

Au moyen des labours d'été et du déchaumage dont je fais suivre toutes les récoltes de céréales et celles de colza, je tiens
ma terre dans un grand état d'ameublisse-
ment; à l'aide de binages, de sarclages et
des autres façons qu'exigent les cultures de
racines, je suis parvenu à débarrasser mon
sol de la plus grande partie des plantes para-
sites et nuisibles qui l'infestaient.

VII. — *Engrais.*

J'ai apporté tous mes soins à me procurer
la plus grande quantité possible d'engrais et à
les préparer convenablement. Non-seulement
j'emploie en litière toutes les pailles des céréales, mais j'y emploie aussi toutes les pailles
de sarrasin qu'on a l'habitude de brûler dans
le champ même où l'on a fait le battage, et
j'y ajoute toutes les fougères et les bruyères
que je trouve en grande quantité dans les
jeunes coupes de mes bois. Les fumiers des
écuries, des étables et de la bergerie sont
portés tous les jours sur des soles convexes
placés à droite et à gauche d'une fosse à purin dans laquelle plonge une pompe rustique,
établie selon le système de M. Polonceau,
qui permet d'arroser très-facilement le tas
de fumier lorsqu'il est parvenu à une hau-
teur suffisante, et par conséquent d'en diriger à volonté la fermentation, en sorte
qu'elle se développe également dans toutes
les parties du tas de fumier. Les soles sont
environnées de caniveaux pavés qui rec..eil-
lent le purin quand il a traversé le tas de fumier, et le ramènent à la fosse. J'ai soin que
le purin soit toujours saturé de sulfate de fer,
pour convertir en sulfate d'ammoniaque,
qui est un sel fixe, le carbonate, qui est
très-volatil. Les lieux d'aisance de la ferme
sont placées sur la fosse à purin, de sorte
que le sulfate de fer, qui est toujours en
excès dans celui ci, sert à désinfecter toutes
les matières fécales, lesquelles viennent encore augmenter la richesse de l'engrais d'une
manière notable.

Le sol des étables, des écuries et des ber-
geries est toujours couvert d'une couche
épaisse de tangue placée sous les litières et
qui sert d'excipient aux urines.

Les amendements les plus généralement
employés dans mes environs sont la chaux,
qui se vend 16 fr. les 1,000 kilog., et la
tangue, qui coûte 0^f.25 la charge d'un cheval, c'est-à-dire les deux tiers d'un mètre
cube quand elle est prise au bord de la mer,
mais qui augmente de valeur selon la distance de la mer à laquelle on va la chercher.
Elle coûte maintenant 2^f.50 à 3 fr. le mètre
cube à Saint-Lô, où je la prends.

J'emploie la chaux et la tangue, selon l'u-
sage du pays, en composts ou *tombes,* c'est-
à-dire en les ajoutant aux curures des che-
mins, des fossés, des abreuvoirs, des ruis-
seaux, pour les étendre sur les herbages et
sur les prairies, quand ils sont bien préparés.

J'ajoute à ces tombes toutes les matières fécales produites au château. Elles sont recueillies dans des tonneaux, et vidées, à mesure que ceux-ci se remplissent, dans les composts préparés dans le voisinage pour les recevoir.

J'emploie du guano non comme fumure principale, mon fumier me revient à beaucoup meilleur marché, mais comme supplément, sur les cultures de plantes sarclées, et sur les céréales qui ont souffert de l'humidité ou de températures défavorables pendant l'hiver et au printemps.

J'arrose mes prairies après avoir coupé les foins pour faire repousser promptement et vigoureusement les regains avec du purin. Celui des étables étant à peu près en totalité absorbé par la tangue, voici comment j'en fabrique : Mes vaches sont presque toujours attachées au piquet quand elles pâturent les herbages. Elles sont soignées par une femme qui ramasse toutes les bouses à mesure que les animaux les déposent sur l'herbe ; cette femme les porte, au moyen d'une brouette, dans un tombereau placé dans le voisinage. Quand le tombereau est plein, il est amené à la ferme et vidé dans la fosse à purin.

Vingt à vingt-cinq vaches à lait produisent par jour un mètre cube de bouses. Une femme suffit pour les recueillir. Ce mètre cube de bouses toutes fraîches, et par conséquent encore un peu liquides, me revient à 0 fr. 80. — Je crois difficile d'obtenir de l'engrais à meilleur marché.

Suivons l'opération jusqu'au bout. Une source très-abondante apporte de l'eau au potager, à l'écurie, à la cuisine, à la buanderie, etc. On ouvre pendant la nuit le robinet qui la fait couler dans le trou à purin, et on le remplit quand on veut arroser. Une pompe rustique y prend le liquide et l'élève dans un tonneau d'arrosage. — Que me coûte l'arrosage lui-même ? J'y emploie deux tonneaux attelés chacun d'un cheval, avec lesquels j'arrose deux hectares par jour facilement ; j'évalue la journée du cheval à 2 fr., celle des conducteurs à 1 fr. 50. L'arrosage des deux hectares me coûte donc 7 fr., soit 3 fr. 50 par hectare.

On comprend que, dans cette situation, j'hésite à faire les dépenses nécessaires pour appliquer d'une manière régulière et complète le système anglais de la distribution des engrais liquides qui exige des appareils dispendieux.

Au moyen de mes arrosements, j'obtiens au moins trois regains, et souvent quatre, qui me permettent de nourrir mes vaches à l'herbe jusqu'à Noël et même plus tard quand la gelée ou la neige ne viennent pas y mettre obstacle.

Quand les herbages sont trop éloignés de la ferme pour qu'il soit possible d'en rapporter les bouses à la fosse à purin, et d'y reporter celui-ci, je me contente de faire ramasser les bouses en tas dans l'herbage, et je les fais recouvrir, soit avec des terres préparées d'avance pour former un compost, soit, à défaut de celles-ci, avec de la tangue, pour empêcher qu'elles ne perdent une partie de leur richesse par l'évaporation ; plus tard on prépare les composts. J'emploie en engrais tous les animaux qui meurent chez moi d'accidents ou de maladies, notamment les chevaux. Je les fais partager en gros morceaux par l'équarrisseur, et placer au milieu d'un tas de fumier qui les enveloppe complétement d'une couche de 60 centimètres d'épaisseur au moins, recouverte elle-même d'une couche de terre d'une épaisseur égale. Aucune odeur ne se répand au dehors ; aucun produit n'est perdu par l'évaporation, et au bout de quelques mois toutes les chairs sont complétement désagrégées et dissoutes, ainsi que le fumier lui-même. On recoupe alors le compost qui est d'une puissance extraordinaire.

VIII. — *Instruments.* — *Charrues.*

J'ai toujours employé les araires Dombasle sans roues, à versoirs en fonte et à socs mobiles pour les labours ordinaires. Je les attelle avec deux bœufs ou deux chevaux seulement, et, toutes les fois que j'ai envoyé mes charrues à des concours d'épreuve, j'ai battu les vieilles charrues du pays attelées de quatre, de cinq et même de six animaux, bœufs ou chevaux, et conduites par les meilleurs laboureurs du pays ; je les ai battues, dis-je, non-seulement pour la bonne exécution du travail, mais pour le temps dans lequel il était exécuté. Les attelages nombreux, pressés par leurs conducteurs, allaient plus vite que le mien en plein sillon, mais ils perdaient beaucoup de temps pour tourner à l'extrémité des sillons, et là ils étaient toujours rejoints et dépassés par le mien.

Mon savant et habile compatriote, le général Dumoncel, dit, dans la description de son exploitation de Martinvast, qu'il a renoncé à employer les araires sans roues, parce que ses domestiques se plaignaient sans cesse de ne pouvoir pas les faire bien fonctionner. Depuis vingt-trois ans que j'emploie cet instrument, je n'ai jamais reçu de plaintes semblables. Peut-être la facilité avec laquelle j'ai fait adopter l'usage de cet instrument précieux est-elle due à ce que je sais le manier moi-même. Le jour où j'ai pris possession de mes cultures, le jour de Saint-Michel 1835, je fis atteler deux bœufs à une de mes charrues par un laboureur qui était depuis dix ans au service du fermier que je remplaçais, et qui était passé au mien. Mon régisseur, qui était un élève de Grignon, et qui était lui-même un très-bon laboureur, en fit atteler une seconde ; lui et moi nous prîmes les mancherons, et nous nous mîmes en marche. Tout en marchant, je montrais au laboureur comment on maniait les mancherons et comment on conduisait les bœufs. Je lui fis voir que cela n'était pas très-difficile ; après deux ou trois tours, je le fis essayer. Cet homme, au début, ne s'y prenait pas très-bien ; mais, comme il ne pouvait pas me dire qu'il lui était impossible de faire une chose que j'exécutais très-facilement devant lui, son amour-propre fut vivement blessé de voir que je maniais une charrue mieux que lui, vieux laboureur ; au bout de quelques jours, il triompha des petites difficultés que présentait la pratique de son instrument, et il ne tarda pas à le manier aussi bien, je ne craindrai même pas d'avouer, mieux que moi. Depuis ce temps plus de cinquante personnes, soit domestiques, soit journaliers, ont fait travailler mes charrues ; plusieurs ont obtenu des prix aux concours de labourage, et j'ai le plaisir de voir s'augmenter chaque année le nombre des cultivateurs qui les ont adoptées.

On laboure habituellement en billons des bandes de 6 à 10 mètres de largeur, séparées par des raies qui servent à l'écoulement des eaux. Mais je laboure à plat les champs drainés. Me préoccupant surtout d'offrir à mes voisins des exemples dont le succès ne pût pas être contesté et qui fussent faciles à imiter, je n'ai jamais donné dans le luxe des instruments nouveaux. Je me suis contenté d'avoir ceux qui m'ont paru les plus incontestablement utiles. Ainsi j'emploie deux charrues fouilleuses, l'une, celle de Read, exécutée par M. Laurent, de Paris ; l'autre, exécutée par M. Bazin, de Mesnil Saint-Firmin, qui exige un peu plus de tirage que la première, mais qui donne un résultat beaucoup plus complet ; la houe à cheval, la charrue à butter ; la charrue de Grignon à trois versoirs pour le déchaumage, instrument excellent avec lequel j'exécute sur toutes mes récoltes cette opération importante qui contribue beaucoup à nettoyer les terres, et qui était tout à fait inconnue dans ce pays, où on fait dépouiller les étaux des céréales par de jeunes bestiaux, des poulains, ou des moutons jusqu'aux récoltes suivantes ; l'extirpateur, la herse Valcourt, et les herses articulées de Howard ; le grand bineur de Garrett et la bineuse Hamoir ; le rouleau Crosskill, fabriqué à Grignon et que je trouve supérieur à celui que construit Crosskill lui-même ; le semoir de Garrett, que j'ai acheté à l'exposition de Londres, de 1851, et dont je ne saurais dire trop de bien.

Depuis que je possède le précieux instrument de Garrett, je fais toutes mes semailles en lignes, répandant en même temps sur la terre un engrais pulvérulent, de la chaux ou du tourteau. On sème à la volée 2 hectolitres 50, et souvent même 3 hectol.

de froment ; avec le semoir je ne sème que 1 hectol. 50, ce qui me fait une économie au moins de 1 hectol. par hectare. Les gens qui sèment 3 hectol., et il y en a beaucoup, n'obtiennent guère que quatre fois la semence ; moi j'obtiens facilement seize fois la semence : ainsi j'ai réalisé à la fois une économie considérable sur la quantité de la semence, et j'ai obtenu une augmentation importante sur le produit. Comme il y a environ 6 millions d'hectares ensemencés chaque année en froment sur la surface de la France, une économie de 1 hectol. par hectare représente 6 millions d'hectolitres ajoutés à la consommation du pays : c'est la quantité nécessaire à la consommation de 2 millions d'hommes pendant toute l'année ou bien à celle de 36 millions d'hommes pendant vingt jours, et ce n'est pas à dédaigner dans des années de cherté ; 6 millions d'hectolitres de blé représentent une valeur de 90 à 180 millions de francs, selon que le prix de l'hectolitre varie de 15 fr. à 30 fr., chiffre qu'il atteint facilement dans les temps de cherté.

Enfin j'ai employé récemment le semoir Jacquet-Robillard, qui ne répand pas d'engrais, mais qui est bien meilleur marché que le semoir de Garrett.

J'ai grand soin de chauler mes semences avec du sulfate de soude et de la chaux. J'ai introduit l'usage de sarcler et de herser les céréales au printemps, et je m'en suis toujours très-bien trouvé. Je coupe mon froment avant qu'il soit tout à fait mûr, et j'ai introduit l'usage de la faux dans la moisson des céréales et du sarrasin. Cette pratique a été imitée successivement par presque tous les cultivateurs de mes environs qui y reconnaissent trois avantages importants : 1° Rapidité, et par conséquent économie dans l'exécution de la fauchaison ; 2° Augmentation de la quantité de paille, parce que la faux, rasant la terre de près, coupe le chaume beaucoup plus bas que la faucille ; 3° les céréales fauchées sèchent beaucoup plus aisément que celles coupées à la faucille, lorsqu'elles viennent à être mouillées avant d'être mises en gerbes. La raison en est simple ; la faux armée que j'emploie incline légèrement et renverse les tiges des céréales les unes sur les autres ; le moindre vent les soulève, circule entre elles, et fait évaporer rapidement l'eau de pluie qui les a couvertes ; tandis que le moissonneur qui emploie une faucille saisit de la main gauche les tiges qu'il coupe jusqu'à ce qu'il en ait une pleine poignée. Il dépose alors cette poignée par terre, mais elle a été serrée dans sa main, elle forme comme une petite gerbe, et si elle vient à être pénétrée d'eau, il est impossible qu'elle ne sèche pas beaucoup plus lentement et plus difficilement que celles qui sont coupées par la faux. Cette considération est très-importante pour la Normandie et pour les cultivateurs de l'Ouest et du Nord. J'ai essayé de la sape belge, mais je préfère beaucoup la faux armée.

J'ai apporté le plus grand soin au choix de mes semences.

Le froment le plus ordinairement cultivé dans le pays est le *chicot*. J'ai profité des divers concours généraux et des deux expositions universelles pour recueillir des échantillons des plus belles céréales que j'y ai rencontrées. J'ai formé une école dans laquelle j'ai cultivé plus de 200 variétés de froment et un grand nombre de variétés d'avoines et d'orges. Sur un mètre carré de terrain placé dans des conditions identiques, je sème le même nombre de grains espacés entre eux aux mêmes distances, 16 centimètres sur 8. Au moment de la moisson, je prends la mesure et le poids du produit de chaque variété, et je n'introduis dans la grande culture que celles qui m'ont donné des résultats remarquables dans la culture de l'école. C'est ainsi que j'y ai fait passer successivement le froment d'Australie, le plus parfait sous tous les rapports qui ait paru à l'Exposition de Londres, mais qui a de la peine à s'acclimater en Europe, et qui, jusqu'à présent, ne s'est pas reproduit très-fidèlement : (en 1857, il a pesé 87 kilogr. l'hectolitre ras); et quelques-unes des variétés les plus estimées en Angleterre, en Belgique, en Pologne et en Russie.

J'ai introduit ici la culture de l'avoine de printemps, et je cultive plusieurs excellentes variétés d'avoine blanche d'Australie et de Crimée, les plus belles et les plus pesantes de l'Exposition de Londres. J'ai fait de même pour l'orge et pour le sarrasin.

J'emploie la machine à battre mobile de Pinet, le trieur Vachon et les cribles en tôle percés de Calard.

IX. — *Introduction de cultures et de procédés nouveaux.*

La culture du colza n'était pas pratiquée à ma connaissance dans l'arrondissement de Saint-Lô avant que je ne l'y eusse introduite. Aujourd'hui, la plupart des bons cultivateurs l'ont adoptée et s'en trouvent très-bien. Je puis en dire autant de la culture en grand des betteraves, des pommes de terre, des panais, des rutabagas, des carottes, des choux cavaliers, etc. Les cultivateurs n'avaient que du foin à donner aux bestiaux quand la saison de l'herbe était passée.

J'ai cultivé en grand toutes ces plantes, sans lesquelles il est impossible de tenir du bétail en bon état pendant l'hiver.

J'emploie pour la fenaison la faneuse d'Ashby et Smith, et le grand râteau de Ransome, instruments très-simples, très-solides et très-précieux à cause de la quantité de temps et de main-d'œuvre qu'ils économisent.

J'ai renoncé à la pratique dispendieuse du bottelage du foin ; je le conserve en meules isolées du sol, recouvertes de paille, dans lesquelles on coupe le foin avec un couteau à l'anglaise. Tout le monde sait que le foin assaisonné d'un peu de sel s'y conserve à merveille et y acquiert une odeur des plus appétissantes qui le fait extrêmement rechercher des animaux.

J'emploie avec succès le système d'alimentation de M. Decrombecque, qui consiste à hacher le foin et la paille qu'on donne aux chevaux, et à les faire fermenter pendant deux jours après les avoir mouillés et y avoir ajouté la quantité nécessaire d'avoine. Ce système permet de faire manger aux animaux des menues pailles et même des balles de froment et d'avoine et des siliques de colza : il est surtout précieux en ce qu'il dissimule les effets de la pousse et permet de faire travailler et aller à de grandes allures les chevaux qui en sont atteints. Au point de vue économique, ce système s'applique avec le même succès aux bestiaux. On y ajoute facilement le tourteau ou les farines qu'on veut leur faire consommer.

X. — *Desséchements. — Irrigations. — Drainage.*

Les prairies que je possède dans la vallée de la Joigne s'étendent sur une longueur de 3 kilomètres. La rivière, abandonnée à elle-même, se perdait dans des sinuosités multipliées. Son cours était si lent, que les prairies produisaient plus de joncs, de carex, de renoncules, etc., que d'herbes fourragères. Le plan cadastral montre qu'une partie y est désignée sous le nom de marais, et celle qui est qualifiée de prairie pourrait difficilement en être distinguée. Les exhalaisons de ces eaux stagnantes produisaient des fièvres intermittentes qui se répandaient dans les maisons du hameau de Montmirail, très-peu digne de son nom (*Mons mirabilis*), et placé sous l'influence du vent du midi. J'ai desséché toutes ces prairies en creusant une rigole régulière d'écoulement dans le thalweg de la vallée, en rejetant le cours principal de la rivière sur un des bords de la prairie, ce qui me permet d'y prendre l'eau retenue par des vannes, et de m'en servir pour l'irrigation de la prairie, et enfin en donnant partout au terrain des pentes régulières favorisant l'écoulement des eaux.

Dès les premiers temps de mon exploitation, j'ai fait du drainage avec des pierres. A cette époque, je rencontrais souvent dans mes prairies et dans mes herbages des sources qui, ne trouvant pas d'écoulement au travers du sous-sol imperméable, se répandaient à la surface et y faisaient pousser des herbes marécageuses; comme la pierre était à très-bon marché (65 centimes le mètre cube), je fis établir à 60 centimètres de profondeur des rigoles en pierres sèches recouvertes avec des pierres plates, et je donnai ainsi à l'eau l'écoulement nécessaire.

Ces rigoles me coûtaient 0f.80 le mètre courant, sans compter la valeur et le transport de la pierre, et produisaient un effet satisfaisant, quoique très-restreint, ce drainage n'étant pas assez profond pour se faire sentir au delà de la surface qui était inondée par les eaux de la source, auxquelles il procurait un libre cours.

Depuis, j'ai entrepris le drainage régulier et complet de toutes les parties de la propriété qui en ont eu besoin.

Je n'ai qu'à me féliciter des résultats que j'ai obtenus. En 1857 et en 1858, les premiers prix des cultures sarclées aux Concours de la Société d'Agriculture de Saint-Lô ont été accordés à des champs qui venaient d'être drainés et qui étaient les plus humides de l'exploitation; ils étaient plantés en betteraves dont le rendement a dépassé 60,000 kilogr. à l'hectare.

Aucune trace d'humidité nuisible ne reste dans ces champs.

Les tuyaux de drainage que j'ai employés coûtent 25 fr. le mille, ayant 0m.03 de diamètre. Les drainages que j'ai fait faire m'ont coûté de 260 fr. à 330 l'hectare, à cause des difficultés que m'a présentées le sous-sol, composé d'un tuf argileux dans lequel sont engagés beaucoup de cailloux; à peine la première tranche peut-elle être enlevée à la bêche; tout le reste du terrain doit être défoncé à la pioche et est extrêmement dur à entamer.

Ces prix de 260 à 330 fr., quoique très-élevés, ne représentent que le tiers environ du prix auquel revenaient les anciennes rigoles en pierre à r..... .. 0f.80 le mètre courant.

Le drainage a été fait sous mes yeux, à la tâche, par mes journaliers, qui n'avaient jamais exécuté ni vu exécuter aucun travail de ce genre; seulement dans le travail qu'ils ont fait à la tâche ne sont pas compris la pose des tuyaux et leur recouvrement par une première couche de 3 à 4 centimètres que je fais faire à la journée par mes deux meilleurs journaliers.

Quant aux études de drainage, au nivellement et au piquetage qui sert à diriger les terrassiers dans l'exécution des travaux, ils ont été opérés par un des conducteurs attachés au service hydraulique du département, sous la direction de l'ingénieur chargé de ce service, et je n'ai eu qu'à me louer de la bienveillance et du zèle avec lequel ils ont bien voulu s'en occuper. Aussi je crois devoir consigner ici leurs noms avec l'expression de ma reconnaissance. L'ingénieur chargé du service hydraulique est M. Rougeules, et le conducteur qui a fait les études sur le terrain et exécuté les plans se nomme M. Hersch.

XI. — *Économie des animaux.* — *Élevage, fabrication du beurre, engraissement de l'espèce bovine.*

En organisant mon exploitation, j'ai voulu faire marcher de front les trois grandes branches de l'économie des animaux, qui forment les trois principales industries du département de la Manche pour la race bovine, savoir :

L'élevage ;

La fabrication du beurre ;

L'engraissement.

J'ai eu d'abord des vaches de pure race cotentine. Les meilleures donnent de 30 à 40 litres de lait par jour, et j'en ai plusieurs qui font plus de 1 kilogr. de beurre avec le lait d'un jour, à savoir : 1,100 grammes et même 1,250 grammes. Je me hâte d'ajouter que celles qui donnent le plus de beurre ne sont pas celles qui ont le plus de lait. Celles qui donnent 1,100 et 1,250 grammes de beurre n'ont pas plus de 23 litres de lait, et deux jeunes vaches qui, en 1857, après leur premier veau, ont donné 800 grammes d'un beurre parfaitement coloré et excellent, les ont produits avec 18 litres de lait seulement. Une des deux vaches a donné en 1858, après son second veau, 905 grammes de beurre avec 17 litres de lait. Une jeune vache de 3/4 de sang, qui a fait son premier veau en septembre 1858, a produit 760 grammes de beurre avec 14 litres de lait.

Aucune race n'est supérieure à la race cotentine pour la production du lait et pour sa qualité.

Il est très-rare que des vaches hollandaises de la race nord-hollande donnent 28 à 29 litres de lait.

Les vaches suisses des plus grandes races ne donnent pas davantage, les vaches flamandes non plus. Quant aux races anglaises, elles donnent toutes notablement moins.

Dans aucune race, le lait n'est aussi savoureux et aussi délicat. Je ne crains pas d'affirmer que, quand le chemin de fer de Cherbourg nous permettra d'expédier notre crème à Paris, elle y détrônera bientôt toutes les crèmes triples et quadruples qu'on fait payer des prix très-élevés ; et la crème du Cotentin et du Bessin sera la plus recherchée pour accompagner le thé ou le café, dont la consommation devient tous les jours plus abondante à Paris.

Le beurre fabriqué dans le Bessin ou dans la Manche, connu à Paris sous le nom de beurre d'Isigny, est le plus délicat et le plus savoureux que je connaisse. J'ai goûté du beurre fait en Angleterre, en Suisse, en Hollande, en Flandre et en Bretagne, je n'en ai trouvé nulle part qui puisse être comparé à notre beurre de première qualité. Je ne crains donc pas d'affirmer que la race cotentine est la *première race laitière du monde*.

Malheureusement, au point de vue de l'engraissement et à celui du travail, elle a des défauts de conformation graves et nombreux. Me plaçant tour à tour à ce double point de vue, je me suis demandé s'il serait possible de les atténuer sans porter atteinte à la faculté laitière. Je l'ai essayé.

M. Bella n'employait que des bœufs au labourage et regardait la race de schwitz comme la plus pure d'origine et celle qui réunissait au plus haut degré l'aptitude au travail et la faculté laitière. Sur son autorité, je me procurai plusieurs taureaux de cette race, avec lesquels je fis des croisements schwitz-cotentins. Les vaches croisées ne perdirent rien des aptitudes laitières de leurs mères, et les bœufs, comme animaux de travail, acquirent une conformation plus régulière. Mais, avant de parler des animaux croisés, je dois commencer par réhabiliter la réputation des bœufs normands. C'est avec un profond étonnement que j'ai lu dans l'ouvrage de M. Grognier (*Cours de multiplication et de perfectionnement des principaux animaux domestiques*, pages 104 et 105) que nos bœufs ne travaillaient jamais, et que les chevaux étaient presque partout, en Normandie, les agents de la culture. La vérité est que, dans le Cotentin, les bœufs sont presque exclusivement les agents de la culture; que dans l'arrondissement de Saint-Lô ils sont très-généralement employés simultanément avec les chevaux. La limonière et la bête de devant sont deux juments, entre lesquelles sont attelés deux ou trois bœufs. Il en est de même pour les charrues.

M. de Gasparin évalue la journée de travail du bœuf à 8 heures (t. III, p. 94). J'affirme que chez moi les bœufs de race cotentine travaillaient pendant la saison des labours 10 à 11 heures, et ils supportaient cette fatigue pendant quatre mois de suite, de septembre à Noël.

M. de Gasparin dit encore (t. III, p. 90) que ses bœufs ne font que 25 ares de labour par jour et ses chevaux 33. Je puis affirmer que mes bœufs normands faisaient habituellement autant de travail que les chevaux de M. de Gasparin, à savoir : qu'ils labouraient 33 à 35 ares.

J'ai dit que le croisement schwitz avait amélioré la conformation des mâles et des femelles. J'ai donc eu lieu d'en être satisfait sous ce rapport. Cependant j'ai cru devoir y renoncer, et en voici la raison : il m'était très-difficile de me défaire de ces animaux croisés dans les foires. Leur robe noirâtre en dessus avec une raie blanche et grise en dessous, leurs cornes dures et noirâtres effarouchaient tous les acheteurs normands.

Je fus donc obligé d'abandonner ce croisement. Lorsque le gouvernement a commencé à importer des taureaux et des vaches de la race durham, il en plaça un certain nombre dans le département de la Manche, et établit une station de taureaux à Saint-Lô. J'en ai obtenus plusieurs produits. Plus tard, j'ai acheté *Vaudeville*, fils de *Va-de-Bon-Cœur* et de *Willy*, et j'en ai eu un grand nombre de produits mâles et femelles. Ces croisements m'ont en général donné les résultats suivants : les animaux croisés ont 1° une construction plus régulière, c'est-à-dire un dos mieux soutenu, plus droit, plus large, des côtes plus larges et plus rondes, la culotte plus descendue et mieux assise, la hanche plus longue, la queue moins saillante et moins détachée de la croupe, la poitrine plus profonde et plus ouverte, le défaut de l'épaule moins creux, les avant-bras plus larges dans le haut, plus minces dans le bas, enfin plus de dessous;

2° La faculté de se maintenir en bon état en prenant moins de nourriture, et par conséquent à meilleur marché que les animaux de pure race normande ;

3° Une meilleure disposition à prendre la graisse et la faculté de s'engraisser plus rapidement et par conséquent à moins de frais que les animaux de race cotentine pure. Sous le rapport de la production du lait et du beurre, j'ai commencé par établir la supériorité de la race normande. Mais je dois à la vérité de dire que le croisement demi-sang et de degrés inférieurs n'altère la production du lait et celle du beurre, ni sous le rapport de la quantité ni sous celui de la qualité. Ainsi la vache qui me donne 1,100 grammes de beurre avec 23 litres de lait excellent, a 1/8 de sang durham. Celles qui, n'ayant pas encore trois ans, m'ont donné 800 grammes de beurre avec 18 litres de lait à leur premier veau, et 905 grammes au second, sont de demi-sang, et cette année, une jeune bête de 3/4 de sang issue de *Vaudeville*, qui a fait son premier veau à 30 mois, a donné 760 grammes de beurre avec 14 litres de lait.

Je pourrais multiplier ces exemples. Pour moi, j'ai à cet égard une conviction arrêtée et basée sur des faits nombreux recueillis chez moi et chez un grand nombre de cultivateurs de ce pays.

Quant à l'aptitude au travail chez les mâles, j'ai mis à la charrue un certain nombre de bœufs normand-durhams de demi-sang. Je les ai toujours vus marcher d'un pas aussi rapide, soutenir la fatigue du labourage aussi bien que les bœufs normands, et ne s'en distinguer que parce qu'ils se maintenaient plus facilement en bon état.

J'ai dit qu'à l'imitation de Grignon j'avais fait mes labourages avec des bœufs attelés avec des colliers et non au joug; mais, après quelques années d'expérience, j'y ai renoncé, parce qu'il me fallait trop de temps pour remettre en état les bœufs fatigués par le travail. Ceux que j'avais enlevés à la charrue après les labours d'automne étaient à peine en état à la mi-carême, c'est-à-dire au bout de trois mois, non d'être livrés à la boucherie, mais d'être vendus aux engraisseurs de la vallée d'Auge, qui, souvent, ne payent ces animaux que 30 à 35 centimes le demi-kilog. J'appris ainsi à mes dépens la grande vérité, qu'il ne faut pas poursuivre à la fois *l'aptitude au travail et celle à l'engraissement.*

Je renonçai au travail des bœufs et je n'employai plus que des chevaux. J'avais toujours eu des juments poulinières qui, avec des étalons du dépôt de Saint-Lô, ayant plus ou moins de sang, m'avaient donné de bons produits, qui tantôt devenaient de bons chevaux de voiture, tantôt se vendaient facilement à la remonte, tantôt enfin me faisaient de très-bons chevaux de travail et de harnais. Il me fut donc facile de remplacer mes bœufs de travail par des juments de travail. Je continuai à avoir 20 à 25 vaches à lait, à en élever de jeunes pour remplacer celles que je réformais, et à engraisser celles que je mettais à la réforme.

Presque toutes les vaches qu'on engraisse, dans le département de la Manche, vont au pâturage parce que ce système d'alimentation y est beaucoup plus économique que celui des fourrages secs et des racines avec tourteaux et farines donnés à l'étable. En effet, dans les herbages de bonne qualité, on estime à 0^f 40 le prix de la journée de nourriture d'une vache à l'engrais. L'engraissement exige 4 à 5 mois et coûte, par conséquent, de 50 à 60 fr. La spéculation consiste à acheter des animaux maigres sur le pied de 0^f.45 à 0^f.50 le demi-kilogr. de viande et à les vendre gras sur le pied de 0^f.60 à 0^f.65. Le poids moyen des vaches grasse est de 275 à 300 kilog. La différence de prix entre la vache maigre et la vache grasse est donc de 80 à 90 fr.; si on en déduit 50 à 60 fr. de nourriture, il reste environ 30 fr. de bénéfice à l'engraisseur.

L'habileté de celui-ci consiste à acheter les vaches qui s'engraisseront le plus rapidement, le plus facilement.

J'ai augmenté mes chances de succès par l'infusion du sang durham, car mes vaches croisées, après m'avoir donné abondamment du lait, pendant cinq ou six ans, se maintiennent en meilleur état et se laissent moins épuiser par la production du lait, par conséquent présentent plus de chance de bénéfice à l'engraisseur. Voilà encore un des avantages du croisement.

En parlant des prix de 0^f.45 et 0^f.50 pour le demi kilogramme de viande maigre, de 0^f.60 à 0^f.65 pour celui de viande grasse, j'ai entendu parler des prix moyens, normaux. Ces prix se sont élevés, de 1854 à 1857, les premiers à 0^f.55 et à 0^f.60, les seconds, à 0^f.75, et même à 0^f.80, mais ils n'ont pas tardé à retomber, dès l'automne de 1857, aux prix habituels. Or tout le monde sait que les bouchers doivent vendre la viande de 0^f.05 à 0^f.10 au-dessous du prix auquel ils l'achètent à cause du bénéfice que leur offre le suif et le cinquième quartier, qui ne compte pour rien dans le prix payé par eux au vendeur. Si donc la viande a été, jusqu'à présent, maintenue à Paris à un prix insensé, la faute en est, non aux agriculteurs qui se sont empressés de baisser leur prix aussitôt que cela leur a été possible, mais à l'organisation de la boucherie de Paris, dont les membres constitués pendant si longtemps en corporation, exerçaient un monopole absolu sur ce marché et maîtrisaient les cours de manière à ne faire jouir les consommateurs des baisses qui survenaient dans les pays de production que le plus tardivement possible.

Quelques mois du régime de liberté n'ont pas suffi pour introduire parmi eux une sérieuse concurrence; mais le temps développera toutes les conséquences du système de la liberté, le seul qui peut concilier l'intérêt des producteurs et celui des consommateurs.

S'il est vrai que le département de la Manche engraisse un grand nombre de vaches, il ne faut pas aller jusqu'à dire, comme M. Grognier, dans l'ouvrage que j'ai déjà cité, que la Normandie ne fait qu'engraisser, mais que ses herbages sont trop bons pour qu'on y élève du bétail, attendu que, de toute la France, c'est certainement le département qui élève le plus grand nombre de têtes de bétail. Les trois quarts au moins des bœufs engraissés dans la vallée d'Auge y sont nés, y ont été élevés et y ont travaillé jusqu'à l'âge auquel on les livre à l'engraissement. 20,000 à 25,000 vaches amouillantes (venant de vêler) en sortent chaque année pour venir alimenter, soit les vacheries du Bessin, soit celles des environs de Paris, de la Brie, de la Beauce, du Vexin, du pays de Bray, etc.

Un grand nombre de taureaux en sont exportés aussi chaque année, ainsi que presque tous les chevaux élevés dans la plaine de Caen, et beaucoup d'autres poulains qui sont transportés dans d'autres départements; car celui de la Manche ne compte pas moins de 75,000 juments, dont le plus grand nombre est livré à la reproduction.

XII — *Porcherie.*

J'ai toujours eu une porcherie composée des races les plus améliorées. J'ai eu successivement des animaux de la race de Baltimore, qui avait été rapportée d'Amérique par le général Lafayette, des animaux hampshires de Grignon, des animaux essex de l'Institut de Versailles, et new-leicesters, de la vacherie du Pin.

Je n'ai eu qu'à me louer des résultats que m'ont donnés ces diverses races. Toutes mangent moins, et, par conséquent, coûten moins à nourrir que la race indigène, et, avec une nourriture moindre, elles se maintiennent de beaucoup en meilleur état, peuvent être livrées à la consommation à un an environ, et n'ont besoin d'aucun supplément de nourriture pour être mises en état de vente.

XIII. — *Bâtiments d'exploitation.*

Je crois devoir placer ici le plan des bâtiments d'exploitation que j'ai fait construire

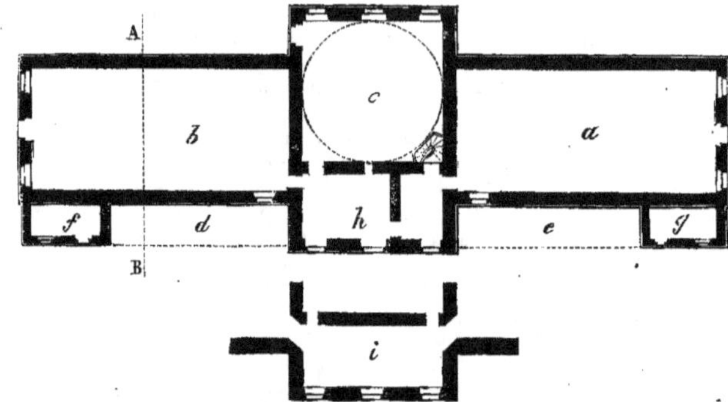

Fig. 1. — Plan géométral de la grange.

Fig. 2. — Élévation de la façade principale de la grange.

Fig. 3. — Élévation postérieure de la grange.

Fig. 4. — Élévation latérale de la grange.

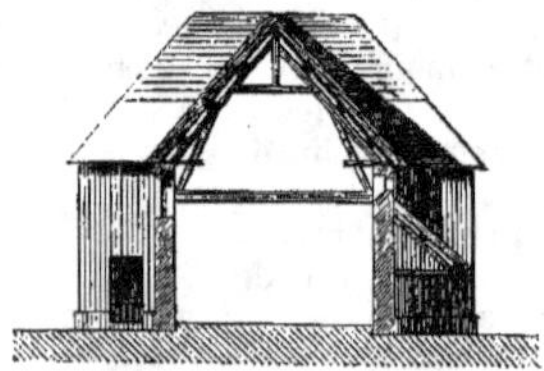

Fig. 5. — Coupe de la grange suivant la ligne A B du plan représenté par la figure 1.

dans ces différentes fermes. Toutes les gravures, à moins d'indications contraires, sont à l'échelle de 0ᵐ.002 pour 1 mètre, pour les plans, coupes, élévations et ensembles de bâtiments. — Les détails sont à l'échelle de 0ᵐ.02 pour 1 mètre.

La figure 1 représente le plan géométral de la grange; *a* est la grange au froment; *b* la grange à l'orge, à l'avoine, etc.; *c* l'emplacement du manége de la machine à battre; *d* et *e* sont des hangars pour charrues et autres instruments; *f* les magasin pour les versoirs, socs, boulons de rechange, etc.; *g* l'atelier de bourrelier; *h* l'emplacement de la machine à battre; *i* le plan du premier étage de la partie *h*.

Les figures 2 et 3 représentent l'élévation principale de la façade et l'élévation postérieure. La figure 4 donne l'élévation d'une des faces latérales; la figure 5 est la coupe suivant la ligne A B du bâtiment dont le plan est donné dans la figure 1.

La machine à battre, placée au milieu de la grange, sépare complétement le froment des petits grains.

Les gerbes sont introduites dans la grange

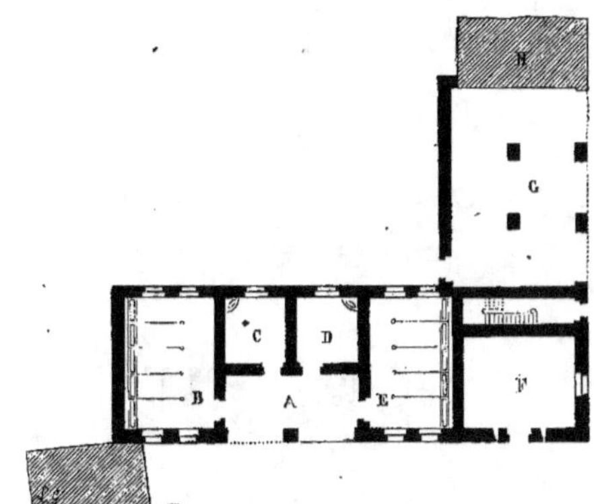

Fig. 6. — Plan du cellier, de la charretterie, des boxes, des écuries, etc.

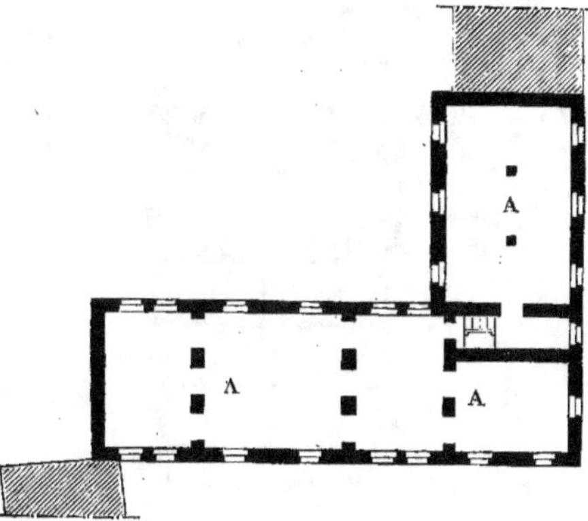

Fig. 7. — Greniers occupant tout l'étage au-dessus des écuries.

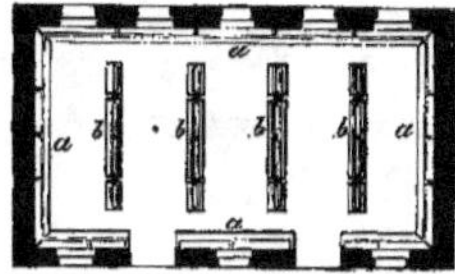

Fig. 8. — Plan général de la bergerie.

Fig. 9. — Élévation de la bergerie sur la cour.

Fig. 10. — Coupe transversale de la bergerie

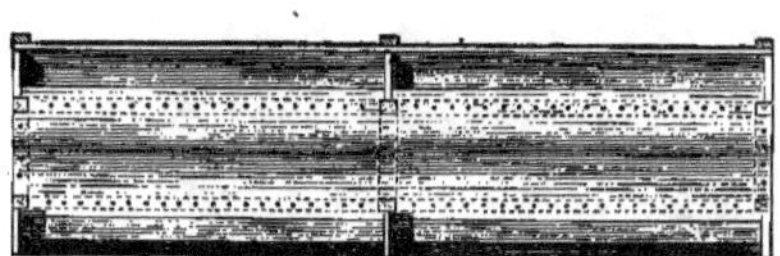

Fig. 11. — Plan d'un râtelier isolé.

Fig. 12. — Élévation de face d'un râtelier isolé.

par quatre fenêtres placées aux deux extrémités, et sur la façade postérieure, de manière qu'aucune gerbe n'est transportée dans l'intérieur de la grange plus loin que le sixième de la longueur de la grange, c'est-à-dire à 8 mètres. Aux deux extrémités de la grange, le toit se termine par deux capucines qui permettent de mettre à l'abri deux charrettes chargées de gerbes, qu'on dé-

charge le lendemain matin, en même temps qu'on commence à en charger une troisième dans les champs.

La figure 6 donne le plan du cellier, de la charretterie, des boxes et écuries, etc. Dans cette figure, A est le porche donnant accès aux boxes et écuries; il permet de harnacher et de désarnacher les chevaux à couvert. B est une écurie pour cinq chevaux; C et D sont des boxes pour les chevaux malades ou les juments poulinières; E est une autre écurie pour cinq chevaux; F le cellier; G la charretterie, et H le pressoir à cidre.

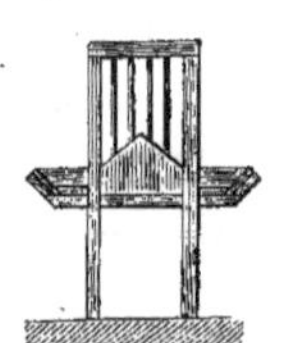

Fig. 13. — Vue de profil d'un râtelier isolé.

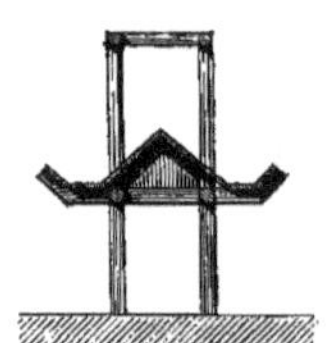

Fig. 14. — Coupe d'un râtelier isolé.

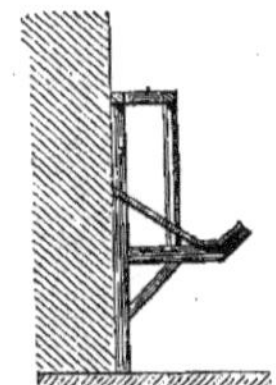

Fig. 15. — Coupe d'un râtelier adossé au mur.

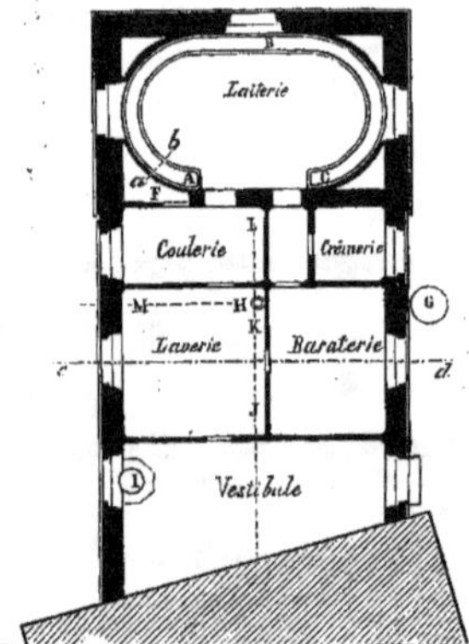

Fig. 16. — Plan général de la laiterie.

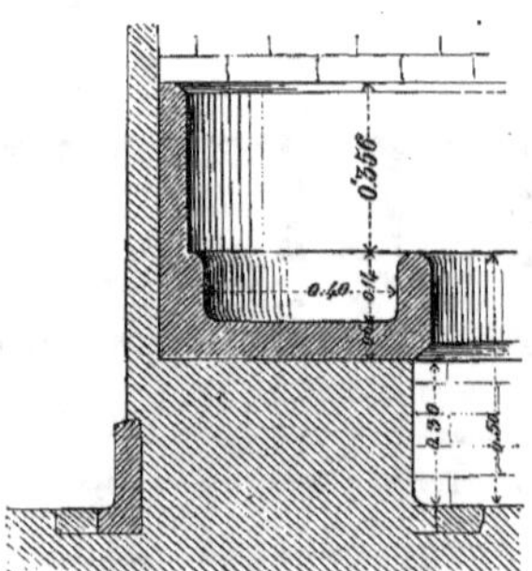

Fig. 17. — Coupe de la banquette à cuvette suivant la ligne *a b* du plan représenté par la fig. 16.

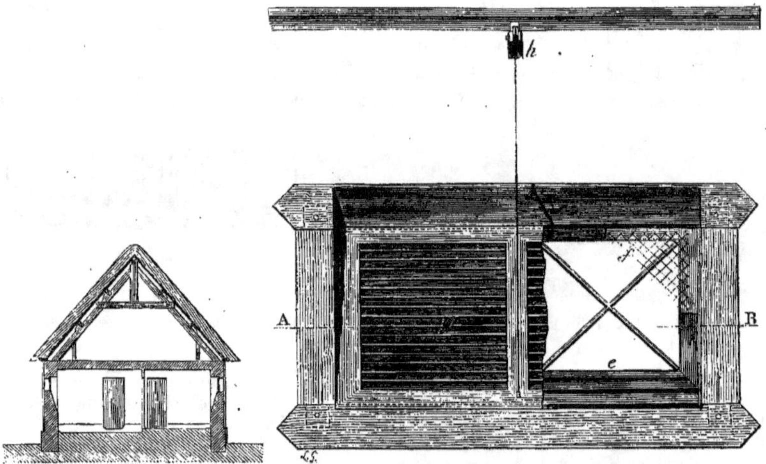

Fig. 18. — Coupe de la laiterie suivant la ligne *c d* du plan représenté par la fig. 16.

Fig. 19. — Plan d'un haut-jour extérieur de la laiterie.

Tout le premier étage de ce corps de bâtiment est occupé par des greniers A, A, A, (fig. 7), lesquels sont planchéiés, avec plinthes en bois et treillages aux fenêtres pour les mettre à l'abri des souris et des oiseaux.

Les figures 8, 9 et 10 représentent le plan général, l'élévation et la coupe transversale de la bergerie; on voit en *a* (fig. 8) des rateliers adossés au mur; *b* sont des rateliers isolés. Les figures 11, 12, 13 et 14 représentent, à une échelle de 0ᵐ.002 pour 1 mètre, le plan, l'élévation, la vue de profil et la coupe d'un râtelier isolé; les rateliers adossés aux murs sont représentés en coupe, à la même échelle, par la figure 15.

La figure 16 donne le plan de la laiterie. A l'entrée se trouve le vestibule séparant la laiterie de la maison; il contient en I une chaudière et son fourneau. Puis vient la laverie dans laquelle on voit des canivaux J, K, L, M, pour l'écoulement des eaux qui y arrivent de toutes les pièces, et dont le pavage est disposé à cette fin. H est une pompe qui donne de l'eau dans la laverie et dans la baraterie située à droite. Cette pompe est alimentée par l'eau de source d'un puits extérieur G. Viennent ensuite la coulerie et la crèmerie, puis la laiterie proprement dite; A B C est

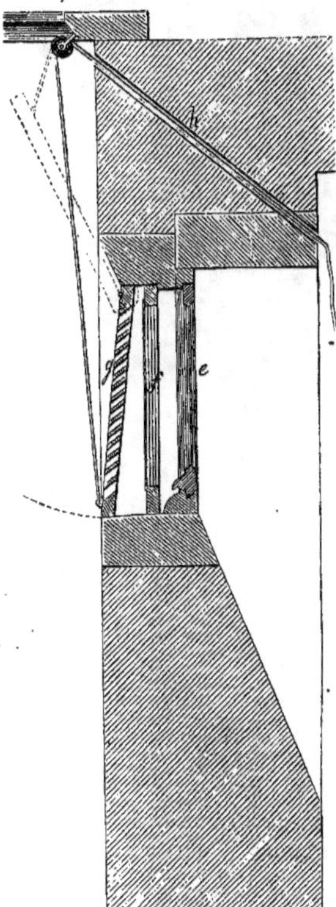

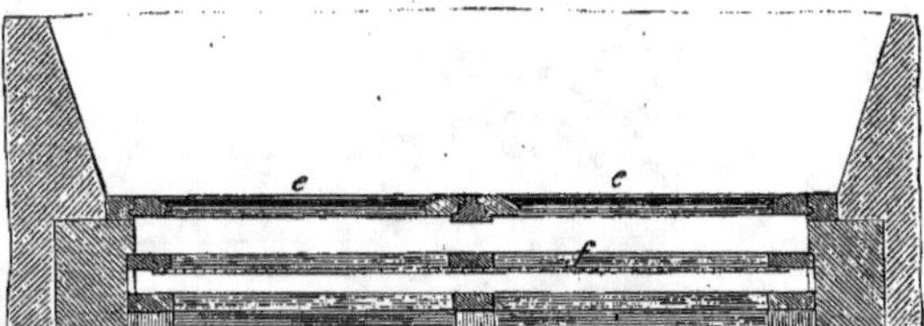

Fig. 20. — Coupe d'un haut-jour extérieur de la laiterie suivant la ligne A B du plan représenté par la figure 19.

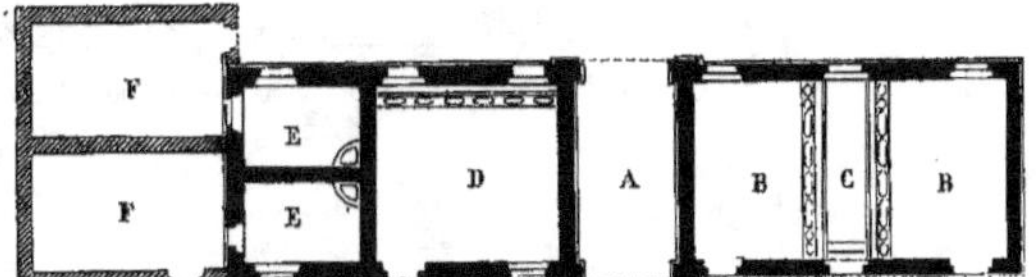

Fig. 22. — Plan d'écuries, étables et boxes.

Fig. 21. — Coupe verticale d'un haut-jour de la laiterie.

Fig. 23. — Élévation des écuries, étables et boxes dont le plan est représenté par la figure 22.

une banquette à cuvette destinée à rafraîchir le lait pendant la grande chaleur, en permettant de plonger les pots qui le contiennent dans 0ᵐ.15 d'eau fraîche et renouvelable à volonté. Cette banquette à cuvette est représentée en coupe, sur une plus grande échelle (0ᵐ.02 pour 1 mètre), par la figure 17. Une armoire est placée en F.

Le vestibule et la laiterie sont dallés en granit. Les autres pièces sont dallées en pierre dure de Fontenay-Pesnel, calcaire très-homogène et d'un grain très-fin. Les cuvettes, leur revêtement servant de support, leurs plinthes au-dessus, toutes les plinthes des différentes pièces, sont de la même pierre de taille; tous les angles rentrants, même ceux formés par le pavage et les plinthes, sont arrondis afin de faciliter le lavage avec une éponge.

La figure 18 donne la coupe de la laiterie suivant la ligne *c d* du plan représenté par la figure 16.

La figure 19 représente le plan d'un des hauts-jours qui tiennent lieu de fenêtres et qui sont garnis de vitres, de persiennes et de grillages; *e* est un vitrage à double volet quvrant; *f* un grillage dormant en laiton; *g* une persienne à tabatière souvrant et s'abaissant de l'intérieur au moyen d'un cordon de tirage *h*.

La figure 20 représente une coupe d'un haut jour suivant la ligne tracée en A B dans le plan (fig. 19); la figure 21, est une coupe verticale. Dans ces deux gravures les lettres *e*, *f*, *g*, *h* désignent les mêmes objets que dans la figure 19.

Les deux conditions essentielles pour l'établissement d'une bonne laiterie sont :

1° L'absence de toute mauvaise odeur, dont le lait et le beurre s'imprègnent avec la plus grande facilité;

2° Egalité de la température, la plus basse possible en été.

Au moyen du vestibule qui sépare la maison d'habitation de la laiterie et qui est traversé par un courant d'air perpétuel, la première condition est remplie.

Pour réaliser la seconde, j'ai établi dans la

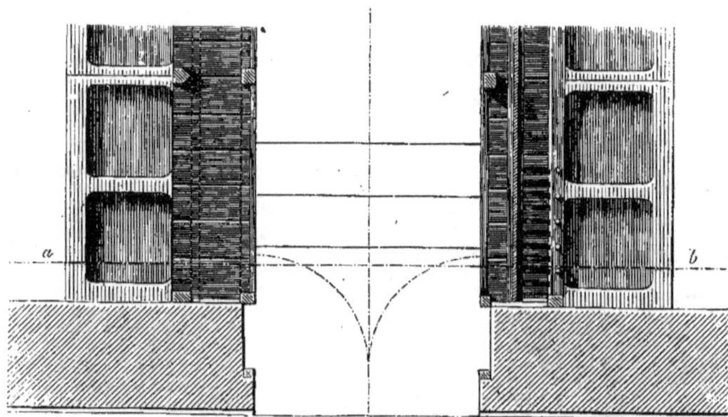

Fig. 24. — Plan d'une double crèche des étables placées en B dans la figure 22.

Fig. 25 — Coupe d'une double crèche suivant la ligne *a b* du plan représenté par la figure 24.

laiterie trois ouvertures : l'une en plein nord, l'autre au levant, la troisième au couchant. Devant celle-ci, un massif d'arbres verts et des persiennes arrêtent les rayons du soleil; les trois hauts-jours permettent d'avoir toujours un courant d'air dans la direction du vent régnant, pendant que la cuvette, remplie d'une eau de source qui n'a pas 10° et qui se renouvelle à volonté, abaisse constamment la température des pots à lait qui y sont plongés

Les figures 22 et 23 représentent le plan et l'élévation d'un bâtiment contenant deux étables pour 6 vaches chacune, une écurie pour 6 chevaux, deux boxes pour des taureaux et des cours annexées à ces boxes.

A (fig. 22) est un passage servant d'entrée à la ferme; B sont deux étables chacune pour 6 vaches; C est un couloir pour faire le service des deux crèches; D une écurie pour 6 chevaux; E sont des boxes pour les taureaux et F des cours annexées aux boxes pour que les taureaux puissent s'y promener librement.

Ce bâtiment contient un grenier à fourrage au premier étage.

Les 4 figures suivantes, 24, 25, 26 et 27, font voir sur une plus grande échelle la disposition des crèches. — La figure 24 donne le plan d'une double crèche, et la figure 25 en est une coupe faite suivant la ligne tracée en *a b* dans ce plan. Dans la figure 25, A est un râtelier en bois de chêne; B un gril en chêne; C le dossier du ratelier en

Fig. 26. — Coupe longitudinale d'une crèche.

Fig. 27. — Élévation d'une crèche.

Fig. 28. — Élévation du bâtiment de la charretterie.

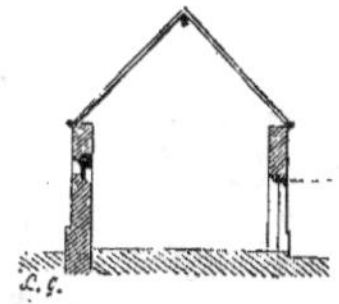

Fig. 29. — Coupe en travers du bâtiment de la charretterie.

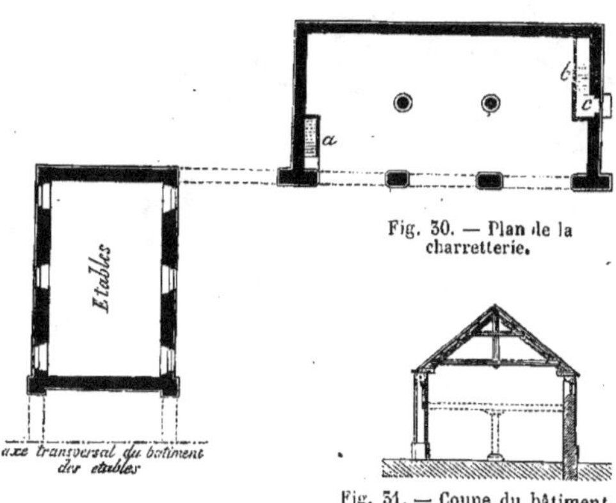

Fig. 30. — Plan de la charretterie.

Fig 32. — Élévation par bout du bâtiment de la charretterie.

Fig. 31. — Coupe du bâtiment de la charretterie.

Fig. 33. — Plan de l'étage au-dessus de la charretterie.

planches jointées; D sont des glacis en planches servant à jeter les racines dans les crèches; E des crèches avec auget en calcaire de Fontenay-Pesnel.

Les figures 26 et 27 représentent ces crèches en coupe longitudinale et en élévation.

Les figures 28, 29, 30, 31 et 32 représentent les élévations, les coupes et le plan du bâtiment de la charretterie.

La figure 33 est le plan de l'étage situé au-dessus de la charreterie.

Le corps de bâtiment servant à la fois de boulangerie, de buanderie et de forge, est représenté par les figures 34, 35, 36 et 37.

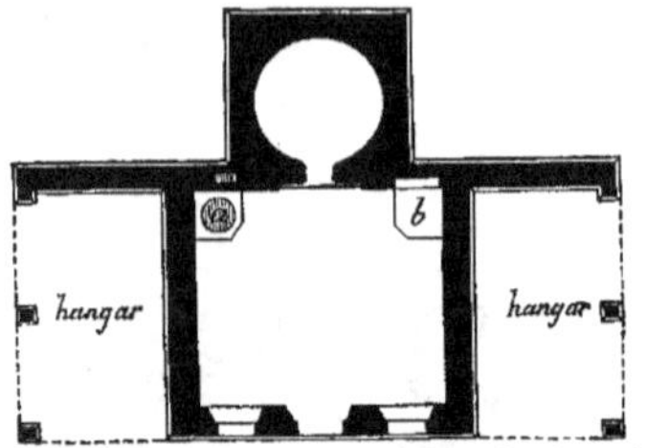

Fig. 34. — Plan du bâtiment servant de boulangerie,
de buanderie et de forge.

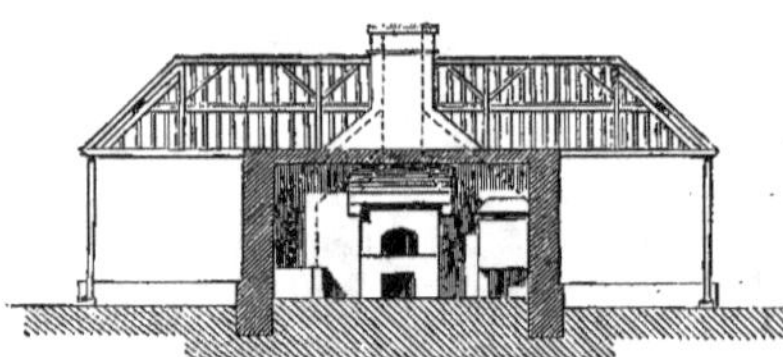

Fig. 35. — Coupe longitudinale de la boulangerie.

Fig. 36. — Élévation principale de la boulangerie.

Fig. 37. — Élévation latérale de la boulangerie.

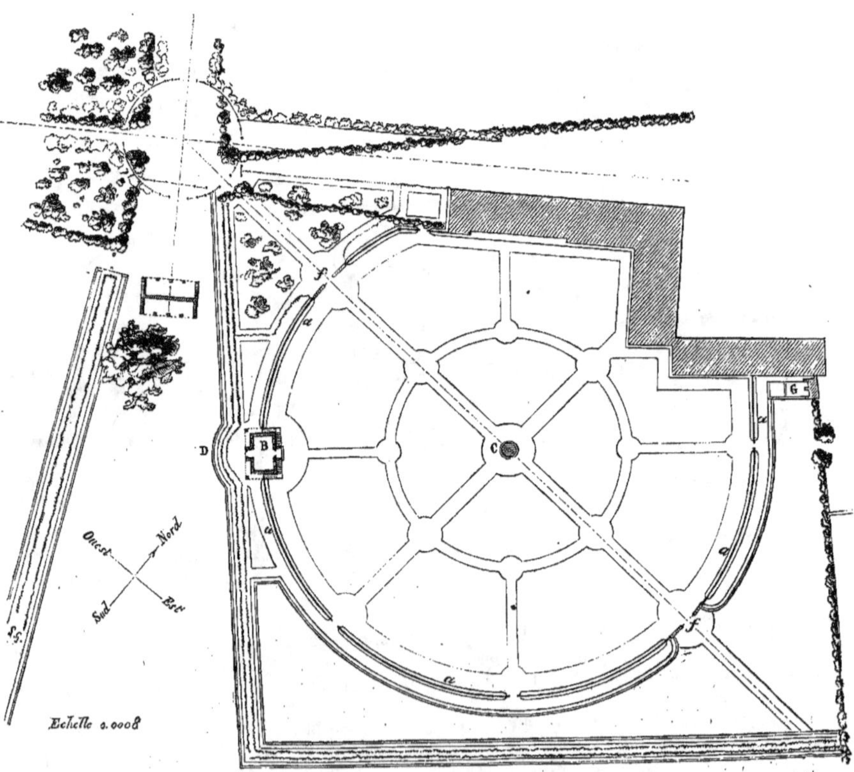

Fig. 38. — Plan du jardin potager circulaire.

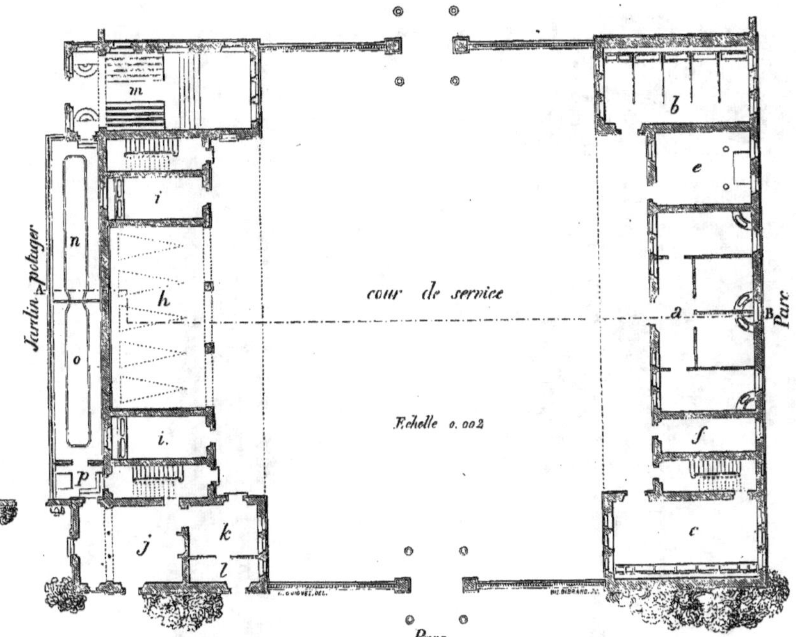

Fig. 39. — Vue générale des bâtiments de service du château.

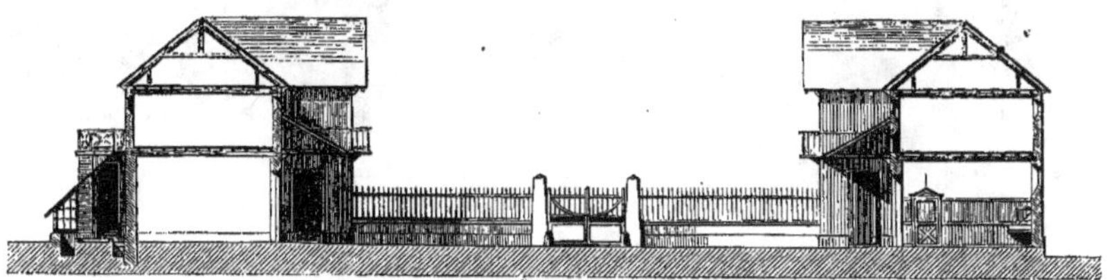

Fig. 40. — Coupe des bâtiments suivant la ligne AB du plan général ci-dessus (fig. 39).

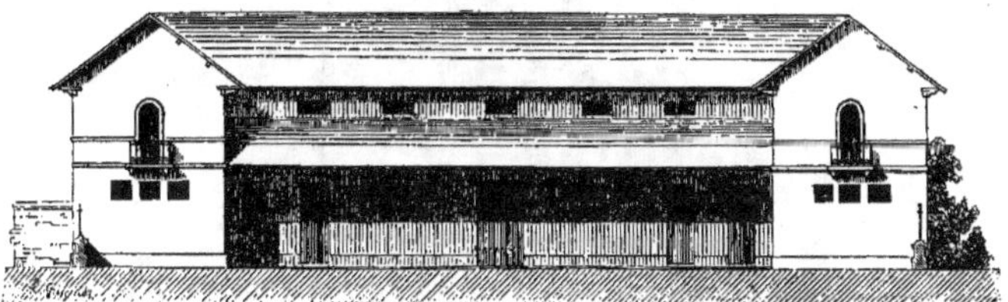

Fig. 41. — Élévation sur la cour du bâtiment des écuries.

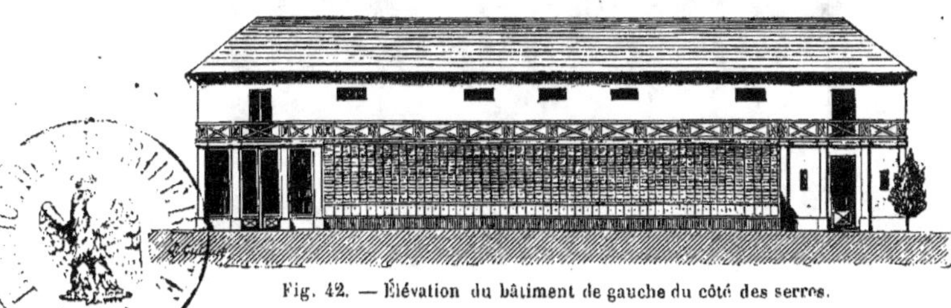

Fig. 42. — Élévation du bâtiment de gauche du côté des serres.

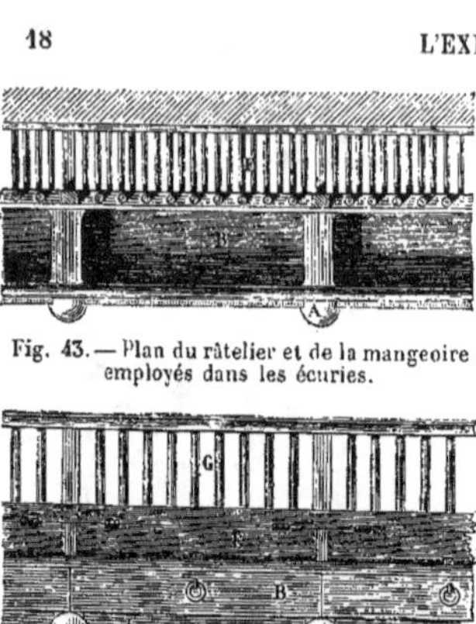

Fig. 43. — Plan du râtelier et de la mangeoire
employés dans les écuries.

Fig. 44. — Élévation du râtelier et de la mangeoire.

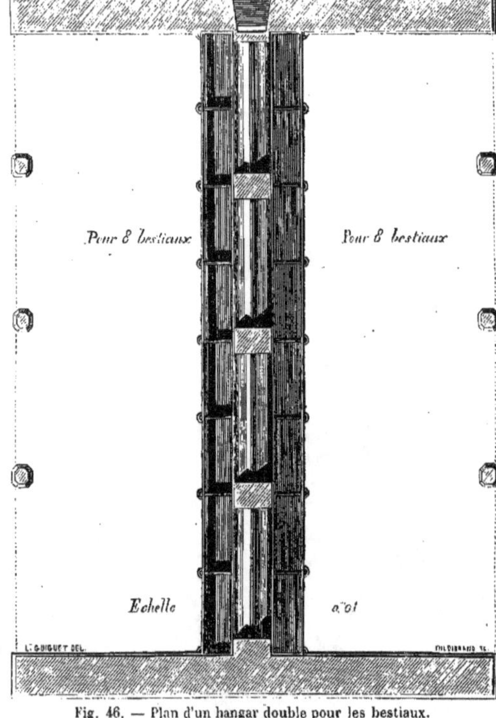

Fig. 46. — Plan d'un hangar double pour les bestiaux.

Fig 45. — Coupe transversale du râtelier et de la mangeoire.

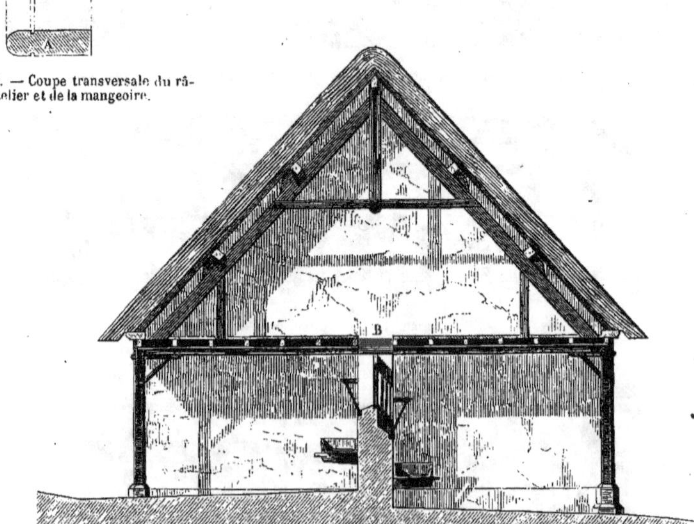

Fig. 47. — Coupe transversale du hangar double.

La figure 34 est le plan; *a* est la chaudière; *b* la forge, le four est entre les deux; de chaque côté sont des hangars sous lesquels on ferre les chevaux et on place le combustible du four. La figure 35 donne la coupe de ce bâtiment; les figures 36 et 37 en représentent l'élévation principale et l'élévation latérale.

Le jardin potager circulaire est représenté par la figure 38. *a* est un espalier double; B un chalet servant de resserre aux instruments et aux graines du jardinier; C un bassin contenant l'eau qui est employée pour l'arrosement du potager.

La figure 39 représente le plan général des bâtiments de service du château. Les bâtiments situés à la droite du plan sont distribués de la manière suivante :

a est une écurie renfermant 4 boxes; *b* une écurie avec stalles pouvant servir d'étable; *c* une étable-écurie dont les râteliers et les mangeoires sont, comme ceux de l'étable *b*, disposés pour chevaux ou pour bêtes à cornes : *e* une sellerie; et *f* une sellerie pour les gros harnais.

Le premier étage renferme trois chambres de cocher et des greniers à fourrage.

Les bâtiments de gauche comprennent une

Fig. 48. — Élévation d'un râtelier et d'une crèche du hangar à bestiaux.

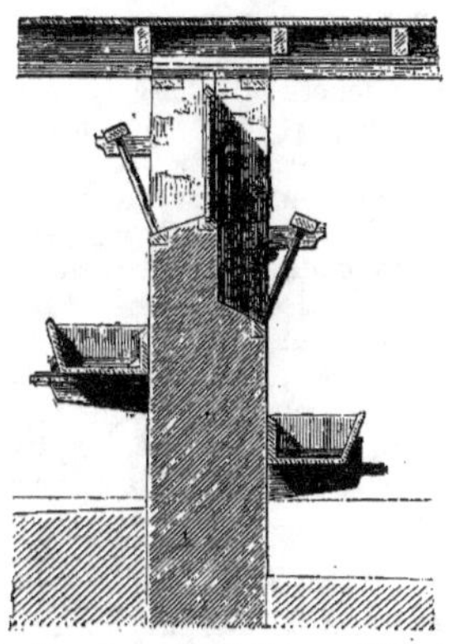

Fig. 49. — Coupe des râteliers et crèches du hangar à bestiaux.

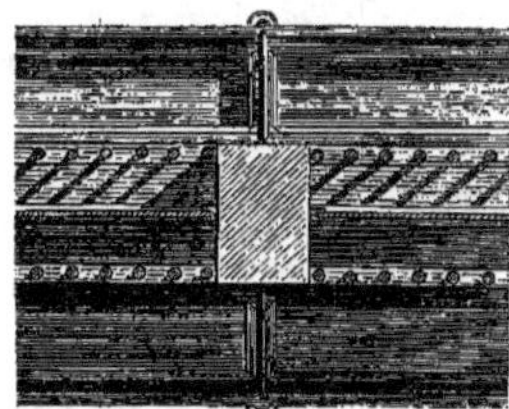

Fig. 50. — Plan des râteliers, et crèches du hangar à bestiaux.

Fig. 51. — Élévation par bout du hangar à bestiaux.

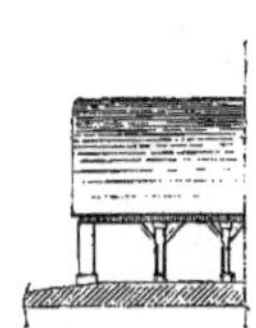

Fig. 52. — Élévation latérale du hangar à bestiaux.

remise *h;* des boxes *ii;* une cuisine *j;* une salle *k;* un bureau de jardinier *l.*

Le premier étage est occupé par des chambres à coucher qui complètent le logement du jardinier. Il y a en outre une orangerie *m;* une serre *n;* une serre chaude *o* chauffée par des fourneaux *p.*

On a dans la figure 40 une coupe de cès bâtiments suivant la ligne A B du plan général.

La figure 41 représente l'élévation sur la cour du bâtiment des écuries; la figure 42 l'élévation des bâtiments de gauche du côté des serres.

Les figures 43, 44 et 45 représentent le plan, l'élévation et la coupe des rateliers et mangeoires employés dans les écuries qui font partie du bâtiment de droite dont nous venons de donner la distribution.

Dans ces figures les lettres A désignent des supports de mangeoires en pierre de taille de Fontenay-Pesnel; B sont les mangeoires en pierre de même espèce; des tringles en bois de chêne couvertes en zinc sont appliquées sur le bord des mangeoires pour les préserver de la dent des chevaux; D sont des caisses recevant la graine du fourrage; E des volets à charnière fermant les caisses;

F un gril formant le fond du ratelier et laissant tomber la graine du fourrage dans la caisse D; G des rateliers dont les barreaux doivent être écartés de 0^m.10 à 0^m.11, c'est-à-dire de 1/4 à 1/3 de plus que si ce râtelier était à l'usage exclusif des chevaux. Une cloison inclinée H est placée à la partie inférieure de la mangeoire.

Les figures 46 et 47 représentent le plan et la coupe d'un hangar double situé dans un herbage et destiné à servir d'abris à seize bestiaux. La différence des hauteurs des crèches, l'une par rapport à l'autre, s'explique par l'inclinaison du terrain sur lequel le double hangar est placé. Des ouvertures B (fig. 47) pratiquées dans le plancher du grenier permettent de jeter le foin dans les râteliers.

Les râteliers et les crèches sont représentées à une plus grande échelle par les figures 48, 49, 50. Des corbeaux en bois de chêne traversant le mur de séparation, et percés à l'une de leurs extrémités d'un trou, donnent la faculté d'attacher les bestiaux.

Enfin les deux dernières figures (fig. 51 et 52) donnent l'élévation par bout et l'élévation latérale du hangar à bestiaux. On voit (fig. 51) une ouverture pratiquée extérieurement dans le pignon est, et garnie de barreaux en forme d'échelle pour accéder au grenier.

XIV. — *Direction de l'exploitation.*

J'ai poursuivi mes différents travaux pendant dix-sept ans avec un très-vif intérêt. Une seule chose m'affligeait : c'était de voir que, soit pour l'emploi de mes instruments, soit pour la diffusion de mes animaux de races améliorées, soit pour l'adoption de mes procédés nouveaux de cultures, peu de personnes marchaient sur mes traces; en un mot, je ne trouvais pas autant d'imitateurs que je l'aurais désiré.

Le hasard me fit rencontrer presque en même temps deux cultivateurs des plus considérés dans le pays, cherchant des fermes à exploiter, et ayant plusieurs fils qui étaient associés à leurs travaux.

En les ayant constamment sous les yeux et sous ma main, de manière qu'ils pussent apprécier par eux-mêmes de jour en jour tous les résultats que j'obtenais; en mettant à leur disposition mes instruments, mes étalons améliorateurs, les semences des récoltes qui ne leur étaient pas familières, mais qu'ils verraient réussir parfaitement dans des champs voisins des leurs, j'espérai obtenir d'eux qu'ils en feraient l'essai, et séduire au moins les jeunes gens, chez lesquels l'amour de la nouveauté, celui du profit et les succès que l'on recherche dans nos concours, devaient l'emporter sur l'esprit de routine, évidemment moins enraciné chez eux que chez des cultivateurs plus âgés.

J'ai dit que mon exploitation se composait de trois fermes. J'en louai deux et ne conservai à exploiter directement que la troisième, consistant en 67 hectares dont 26 de terres en labour, et 41 hectares de prairies ou herbages.

Cette location fut pour moi une preuve irrécusable des améliorations que j'avais apportées dans la condition du sol que j'avais exploité pendant dix-sept ans, car je louai 100 fr. l'hectare dont les anciens fermiers ne donnaient que 66^f.60, ce qui implique une augmentation de valeur de 50 pour 100, et, au moment où je conclus ces deux baux, les propriétés dans la Manche n'étaient pas encore relevées de l'avilissement qui avait été la conséquence de la révolution de février 1848.

J'eus bien soin de prendre mes précautions pour que mes fermiers n'abusassent pas de l'état de fertilité auquel j'avais amené mon sol et ne me le rendissent pas en condition pire que celle en laquelle ils le prenaient.

Non-seulement je mis dans mes baux la clause que le fermier ne pourrait enlever ni pailles, ni foins, ni fourrages, ni fumiers ou engrais d'aucune espèce, mais je l'obligeai en outre à acheter des quantités considérables d'engrais étrangers, 66,000 kilogr. de chaux et 175 mètres cubes de tangue par chaque nouveau labour. J'y ajoute de mon côté pour une valeur de 100 fr. de chaux ou de tangue par hectare de prairie tous les trois ans.

Quant à l'exploitation dont j'ai conservé la direction, j'y ai supprimé de mon assolement le colza pour n'y cultiver que des plantes alimentaires ou fourragères, de sorte que mon assolement actuel est :

1re sole. Racines fumées, betteraves, carottes, panais, pommes de terre, etc.
2e sole. Céréales de printemps et trèfle semé dedans.
3e sole. Trèfle coupé en vert.
4e sole. Froment d'automne.
5e sole. Racines fumées ou sarrasin.
6e sole. Avoine d'hiver ou froment.

Grâce à cette modification dans l'assolement, je puis encore entretenir 25 à 30 vaches à lait, engraisser celles que je réforme et faire des élèves.

Il est évident que cet assolement est largement progressif, car la seconde fumure ne supporte que deux récoltes, une de racines et une de céréales. L'étendue des cultures étant diminuée, je puis donner plus de soins à la surveillance de celles qui me restent. J'ai plus de temps pour m'occuper des travaux de drainage, de nivellement et d'irrigation des prairies, en un mot des améliorations foncières de diverse nature qui ont toutes leur importance.

J'en ai exécuté dans une propriété distincte de celle de Canisy d'assez importantes pour que je croie devoir en dire un mot ici.

Je possède dans la commune du Hommet-d'Arthenay une propriété qui se compose de 110 hectares de prairies et herbages situés dans la vallée de la Terrette, entre cette rivière et celle de la Nérée. Cette vallée a 800 mèt. de largeur moyenne sur 1,400 mèt. de longueur. Elle est divisée en un grand nombre de pièces par des fossés qui ont 2 mètres à 2ᵐ.50 de largeur, et qui présentent en longueur un développement total de 26,234 mètres. Tous les ans, on cure ces fossés, mais de temps immémorial on avait laissé déposer sur leurs bords ces curures qui, en s'amoncelant, avaient formé des bourrelets autour des prairies et contribuaient à rendre le terrain marécageux, en empêchant l'eau de s'écouler. Aussi les joncs, les carex, les renoncules, les salsifis sauvages, abondaient-ils dans ces prairies, qui ne donnaient qu'un foin grossier et pouvant à peine trouver des acquéreurs à vil prix.

D'un autre côté, aucune voie d'accession ne pénétrant dans l'intérieur de ces prairies, au moment de la récolte du foin, il fallait transporter les bottes à la main, de prairie en prairie, à une grande distance, avant de trouver un terrain assez solide pour que des voitures pussent y circuler.

J'ai entrepris de changer cet état de choses véritablement déplorable.

J'ai fait enlever toutes les curures amoncelées sur le bord des fossés, et je les ai fait transporter dans les parties les plus basses des prairies et les plus éloignées des rigoles d'écoulement, de sorte qu'aujourd'hui elles se trouvent relevées et offrent aux eaux une pente suffisante jusqu'à ces rigoles.

Toutes les rigoles sont maintenant curées deux fois par an, et les curures sont immédiatement transportées sur les endroits qui ont encore besoin d'être relevés, ou mis en tombes pour former des composts qui, mélangés avec de la chaux et de la tangue, sont plus tard étendus sur les prairies.

De plus, à l'entrée de la vallée, sur l'emplacement d'un ancien château, se trouvait une masse considérable de terre et de débris contenant 5,500 à 6,000 mètres cubes. J'ai entrepris de la faire déblayer et de m'en servir pour terrotter les prairies qui étaient encore trop basses. Cette opération n'est encore exécutée qu'au tiers, et déjà les résultats sont des plus satisfaisants.

En même temps, j'ai reconnu que je pouvais abaisser de 70 centimètres le radier des vannes de décharge situées à l'extrémité inférieure de ma propriété, ce qui m'a permis de creuser d'autant toutes les rigoles d'écoulement, et par conséquent d'abaisser d'autant la nappe générale de l'eau qui, autrefois, était dans certains endroits placée au-dessus du niveau des prairies.

L'opération du terrottement a eu pour résultat de répandre sur les prairies une couche de 5 à 6 centim. de terre, recouvrant les joncs et les glaïeuls qui fourmillaient dans ces prairies; elle complète l'opération du desséchement.

Désormais on peut avec confiance y étendre des composts formés avec de la chaux et de la tangue, et l'on voit une herbe d'une excellente qualité y pousser avec une grande vigueur.

Enfin, j'ai établi quatre chaussées d'une longueur de 4,176 mètres, au moyen desquelles on accède commodément à toutes les prairies; ainsi on peut parvenir à chacune sans passer par aucune autre.

Aussi ces prairies qui, en 1853, m'ont rapporté 14,634ᶠ.75, ont produit en 1858 25,608ᶠ.50, et je dois faire observer que je suis bien loin d'avoir recueilli tous les résultats des travaux que j'ai entrepris. L'opération du terrottement n'est qu'au tiers exécutée, et je n'ai pu mettre encore d'engrais que sur une très-petite portion de prairies.

Cette augmentation de 10,973ᶠ.75 dans les revenus a été obtenue moyennant une dépense de 2,925ᶠ.73.

Je ne crois pas devoir terminer cet exposé sans dire un mot des travaux d'arboriculture que j'ai exécutés dans ma propriété, quoiqu'ils ne figurent pas dans le programme officiel.

Il est de principe, en ce pays, que chaque ferme doit produire le bois de charpente et de menuiserie nécessaire à l'entretien des bâtiments de la ferme, des ponts, barrières et clôtures de toute espèce. Pour y parvenir, on laisse pousser sur les haies le plus grand nombre possible de baliveaux, qui forment la réserve du propriétaire. Seulement le fermier a le droit de les faire émonder et fait son profit des fagots qu'il en retire. Il ne coupe ces émondes que tous les sept ans pour qu'elles soient plus vigoureuses. Il en résulte que les troncs se couvrent, dans toute leur partie inférieure, d'une végétation luxuriante qui arrête la séve et l'empêche de se porter dans la partie supérieure de l'arbre et d'y former une tête régulière et bien développée. L'ombre des baliveaux nuit aux récoltes sur lesquelles elle s'étend. J'en ai retranché le plus grand nombre.

J'y ai substitué des bois taillis qui donnent au fermier un produit plus considérable pour le chauffage; mais, quand j'ai conservé, de loin en loin, quelque arbre de futaie, je l'ai soumis à un élagage rationnel, au moyen duquel je lui fais prendre tout le développement dont il est susceptible.

J'ai planté des landes qui étaient restées stériles jusqu'alors et servaient à peine de pâture malsaine à quelques moutons. Aujourd'hui elles sont couvertes de bois de toutes les essences, taillis de chênes, de bouleaux, de châtaigniers, et dans les parties humides, d'aunes et de saules, sous des futaies de tous ces arbres, plus des frênes, des hêtres, des sapins, des pins variés, des épicéas et des mélèzes.

J'ai introduit dans ce pays les arbres forestiers exotiques susceptibles de s'y acclimater, les chênes, les frênes d'Amérique, les peupliers de diverses espèces, le *planera crenata*, les pins de la Californie, le pin noir d'Autriche, le *taxodium sempervirens*, le *willingtonia*, etc., etc.

Enfin, j'ai créé deux espaliers qui réunissent les espèces de fruits les meilleures que notre climat et notre sol puissent produire et offrent des exemples de tailles perfectionnées qui contribuent tant à la multiplication et à la beauté des fruits, et je me fais un plaisir de les répandre dans le voisinage.

Tel est le résumé des travaux que j'ai entrepris il y a vingt-deux ans, par le seul désir, et dans le seul but de faire faire quelques progrès à l'agriculture de mon pays, et de rendre quelques services aux agriculteurs au milieu desquels je passe ma vie, en leur offrant des exemples qu'il leur fût facile et profitable d'imiter. Je n'ai jamais perdu de vue ce but, et c'est pour marcher d'un pas plus ferme dans cette voie que j'ai modifié la forme et l'étendue de mon exploitation, que je me suis donné deux fermiers qui sont pour moi deux collaborateurs. C'est pour ne pas faire autre chose que ce que je regarde comme facile et profitable à exécuter pour chacun de mes voisins que je n'ai voulu me donner ni jument ni vache de pur sang, que je n'ai même pas eu la prétention d'obtenir ces maxima de récoltes qu'il n'est pas bien difficile de réaliser avec quelques sacrifices d'engrais. Je n'ai voulu faire que ce que tous mes voisins pourraient et devraient faire. J'ai voulu leur donner les exemples tout à la fois les meilleurs et les moins dispendieux à mettre en pratique. Telle a été mon unique et constante préoccupation, tous mes efforts ont été dirigés vers sa réalisation.

XV. — *Résultats de la culture.*

Maintenant il ne me reste plus, pour répondre aux diverses questions du programme du ministre, qu'à faire connaître quels ont été les résultats de l'exploitation.

J'ai toujours eu une comptabilité régulière. Elle se composait d'abord d'un journal de caisse et d'un journal des travaux qui en sont les deux bases indispensables, puis de divers livres auxiliaires pour les produits des récoltes, les entrées en magasin, la vacherie, etc.

J'en ferai ressortir ici les principaux résultats.

D'après le premier inventaire fait au 1ᵉʳ janvier 1836, le capital employé à organiser l'exploitation s'élève à 15,925 fr.;

Il faut y ajouter les avances faites en 1835 et 1836 pour semences, nourriture, salaires, etc., 11,243ᶠ.62.

Au 1ᵉʳ janvier 1838 le capital d'exploitation s'élève à 24,083 fr.

Au 1ᵉʳ janvier 1840, à 26,968 fr.

Et il continue à augmenter d'année en année, à mesure que l'amélioration des prairies et du sol en général met à même de nourrir un plus grand nombre d'animaux.

Il s'élève enfin, en 1853, à 50,005ᶠ.60; sur cette somme, j'ai réalisé 23,592 fr., lorsque j'ai reconstitué deux fermes et par conséquent vendu une partie de mon mobilier. Le reste a été conservé sur l'exploitation que je continuais à faire valoir.

L'inventaire du 31 décembre 1853 s'élève pour le capital proprement dit d'exploitation, c'est-à-dire uniquement le mobilier mort et le mobilier vivant à . . . . 23,161.41 fr.
Pour les engrais en terre. 16,264.15
Pour les récoltes en magasin, bois abattus, etc. 8,150.90
Pour les cultures en terre, fumiers, amendements, etc. 2,218.00
Pour les provisions de ménage et argent en caisse. 1,488.00

Total de l'inventaire du 31 décembre 1853   51,282.46

L'inventaire du 31 décembre 1854 s'élève, pour le capital proprement dit d'exploitation, à. 21,620.95
Pour les engrais en terre. 17,263.54
Pour les récoltes en magasin, etc. 10,644.04
Pour les cultures en terre, fumiers. . . . 2,685.30
Pour les provisions de ménage, argent en caisse. 4,534.35

Total de l'inventaire du 31 décembre 1854.   56,748.18

L'inventaire du 31 décembre 1855 s'élève, pour le capital proprement dit d'exploitation. 22,307.51
Pour les engrais en terre. 18,348.76
Pour les récoltes en magasin, etc. 13,256.78
Pour les cultures en terre, fumiers, etc. . . 2,252.00
Pour les provisions de ménage et argent en caisse, à. 2,136.80

Total de l'inventaire du 31 décembre 1855.   58,571.85

L'inventaire du 31 décembre 1856 s'élève, pour le capital proprement dit d'exploitation, à. 29,977.00
Pour les engrais en terre. 19,194.10
Pour les récoltes en magasin, etc. 10,712.58
Pour les cultures en terre, fumiers, etc. . . 2,838.30
Pour les provisions de ménage et argent en caisse. 1,575.70

Total de l'inventaire du 31 décembre 1856.   64,297.68

L'inventaire du 31 décembre 1857 s'élève, pour le capital proprement dit d'exploitation, à. 58,489.67
Pour les engrais en terre. 20,914.37
Pour les récoltes en magasin, etc. 16,338.73
Pour les cultures en terre, fumiers, etc. . . 6,186.59
Pour les provisions du ménage et argent en caisse. 864.49

Total de l'inventaire du 31 décembre 1857.   82,793.85

A ne compter que le capital proprement dit d'exploitation, c'est-à-dire uniquement le mobilier mort et le mobilier vivant, il résulte de ces chiffres, qu'aujourd'hui ce capital s'élève presqu'à 600 fr. par hectare.

Dans la plupart des fermes et exploitations du département de la Manche, il ne s'élève pas habituellement au-dessus de 200 fr. et bien des cultivateurs restent au-dessous de ce chiffre.

Si on tenait compte du chiffre total porté à l'inventaire du 31 décembre 1857, le capital s'élèverait à 1,234 fr. par hectare.

Il résulte de ce dernier inventaire que le nombre des animaux entretenus sur l'exploitation est de 66 têtes de gros bétail d'après les évaluations généralement adoptées pour y ramener les moutons et les porcs.

Pour donner une idée de l'appauvrissement auquel étaient parvenues les terres dont j'ai composé mon exploitation, je dirai que la moyenne du produit du froment de ma première récolte, en 1856, à été de 11^{hect}.10 à l'hectare. — (La moyenne du pays était et est encore de 12 hectolitres à l'hectare), et qu'une pièce de 3 hectares d'un très-bon sol, à une très-bonne exposition et sur un retour de trèfle, ne m'a pas donné 5 hectolitres à l'hectare.

En 1837, la seule récolte satisfaisante fut celle des pommes de terre, qui, grâce à une fumure abondante, me donnèrent 290 hectolitres à l'hectare.

En 1838, le froment me rendit 25^{hect}.80 à l'hectare, les pommes de terre, dans deux pièces, 350 hectolitres à l'hectare, et en moyenne 325; le colza, 20 hectolitres. Mais, quand je l'ai fait sur des terres entrées dans l'assolement, c'est-à-dire bien labourées, défoncées depuis quatre ans, et fumées une seconde fois pour faire le colza, ce qui m'est arrivé en 1840, j'ai obtenu 29 hectol. à l'hect.

Je n'ai pas cherché à obtenir des produits plus considérables. Ainsi que je l'ai déjà dit, mon but n'était pas d'obtenir des maxima de produits au prix de sacrifices extraordinaires, mais de montrer ce que produisaient sur le sol de la Manche un bon assolement, de bons instruments, de bons procédés de culture, soutenus par des capitaux suffisants mais point exagérés.

Lorsque, en 1853, j'ai rendu à des fermiers deux des fermes qui composaient mon exploitation, j'ai vu combien la puissance de fécondité de mon sol s'était accrue, puisque j'ai loué 100 fr. l'hectare qui était loué 66^f.60 avant d'avoir passé par mes mains. Je l'ai donc loué avec 50 pour 100 d'augmentation.

J'ai exposé tout à l'heure les précautions que j'avais prises pour empêcher mes fermiers d'abuser de l'état de fertilité auquel j'avais amené mon sol. Grâce à ces précautions, je suis persuadé qu'à la fin des baux actuellement en cours d'exécution, mon sol aura plutôt vu s'accroître que diminuer la fertilité qu'il possédait quand j'ai donné aux fermiers le droit de l'exploiter.

Je n'ai pas grand'chose à dire des quatre années de l'exploitation réduite. J'ai mis sous les yeux du jury des tableaux détaillés des récoltes de chaque année, en faisant observer que, de ces quatre années, 1857 seule peut être regardée comme bonne; qu'une portion assez considérable de mes terres en labour se compose de nouvelles acquisitions, qui étaient en aussi mauvais état que les plus mauvaises de mes fermes lorsque j'en ai entrepris la culture; les moyennes ne peuvent donc pas être très-élevées.

Pour ne pas trop allonger ce mémoire, je me contenterai de signaler les principaux rendements.

En 1854, l'orge a rendu 51^{hect}.25 à l'hectare; l'avoine d'hiver 42^{hect}.93; le froment d'hiver n'a pas dépassé 18 hectolitres en moyenne, mais il faut observer que les 2/3 de la récolte se composaient de variétés nouvelles non encore bien acclimatées et dont quelques-unes ont subi beaucoup plus rigoureusement que le froment du pays l'influence d'une saison peu favorable. En 1855 et en 1856 le rendement des céréales a été très-médiocre; en 1855 les betteraves ont rendu 54,900 kil. à l'hectare; en 1856, 56,600 kil.; en 1857, 68,238 kil.

En 1857, le froment a rendu 27^{hect}.37 à l'hectare; l'orge, 50^{hect}.59, le seigle, 33 hectol.; l'avoine d'hiver, 43^{hect}.50; le sarrasin, 30^{hect}.50.

D'après des comptes de culture joints à ce mémoire, le prix de revient de l'hectolitre de froment est, en 1857, de 13^f.83; celui de l'orge, de 7^f.60; celui de l'avoine, de 7^f.64; celui du sarrasin, de 7^f.77; celui des 1,000 kil. de betteraves, de 8^f.07.

Enfin voici le résumé des comptes de profits et pertes des cinq exercices.

Exercice 1854.

Actif	15,042^f.01
Passif	5,819.90
Balance à profit	9,222.11

Exercice 1855.

Actif	17,991^f.66
Passif	7,995.00
Balance à profit	9,996.66

Exercice 1856.

Actif	16,158^f.46
Passif	9,146.00
Balance à profit	7,012.46

Exercice 1857.

Actif	21,100^f.75
Passif	7,964.15
Balance à profit	13,136.58

Pour avoir le bénéfice net de chaque année, il faut retrancher de l'excédant des recettes sur les dépenses d'abord le fermage, qui est de 6,030 fr. à raison de 90 fr. par hectare, ensuite l'intérêt du capital d'exploitation, constaté par l'inventaire de chaque année.

On obtient ainsi :

Pour 1854, un profit net de 2,042ᶠ.25 ;
Pour 1855, un profit net de 2,816ᶠ.66 ;
Pour 1856, une perte de 167ᶠ.46.

Cette perte est plus que compensée par le froment que, en raison de la cherté, j'ai vendu à crédit et qui n'a pas été payé cette année-là.

Pour 1857, un bénéfice net de 5,956ᶠ.58.

Ce qui représente pour 1854 un bénéfice égal à 30 pour 100 du fermage ; pour 1855, un bénéfice égal à 46 pour 100 du fermage ; pour 1857, un bénéfice égal à 109 pour 100 du fermage.

J'ai terminé l'exposé que j'avais à présenter au jury. J'ai toujours eu en vue de réaliser les conditions que le programme impose pour se présenter au concours de la prime d'honneur, à savoir : « d'organiser mes cultures en leur donnant une direction en rapport parfait avec les circonstances locales où elles se trouvent placées, bien réglée dans ses dépenses et productive dans ses résultats, dont l'exemple puisse être sûrement proposé pour démontrer comment l'économie dans les dépenses, l'ordre dans le travail, le perfectionnement raisonné dans les méthodes culturales, l'heureuse alliance de la science et de la pratique, et enfin une juste subordination de la culture aux circonstances qui la dominent, créent la prospérité présente et assurent l'avenir des exploitations rurales. »

Il est impossible de déterminer d'une manière plus exacte, plus complète et en meilleurs termes le programme que doit s'imposer tout cultivateur éclairé. Je le répète, il y a vingt et un ans que je me le suis proposé. Suis-je parvenu à le réaliser au moins en partie? C'est ce que m'apprendra la décision du jury.

COMTE DE KERGORLAY,
Député au Corps législatif, membre de la Société
impériale et centrale d'Agriculture.

EXTRAIT DU CATALOGUE DE LA LIBRAIRIE AGRICOLE

AGRICULTURE (Cours d'), par DE GASPARIN, cinq vol. in-18 et 235 gravures 37 50
AMENDEMENTS (Traité des), par PUVIS, 2ᵉ édit. 1 vol. in-12 de 448 pages 3 50
BON FERMIER (Le) aide-mémoire du Cultivateur, par BARRAL. 1 vol. in-12 de 1,164 pages
et 231 gravures, représentant les meilleurs instruments, machines, étables, etc. . . . . 7 »
BON JARDINIER (Le), almanach pour 1859, par MM. POITEAU, VILMORIN, BAILLY, BORIE,
NAUDIN, NEUMANN, PÉPIN; 1 vol. in-12 de 1,644 pages . . 7 »
CACTÉES (Monographie et culture des), par LABOURET, 1 vol. in-12 de 732 pages 7 50
CHIMIE AGRICOLE, par le Dʳ SACC. 2ᵉ édition, 1 vol. in-12 de 454 pages 3 50
DRAINAGE, IRRIGATIONS, ENGRAIS LIQUIDES, par BARRAL, 4 vol. in-12 et 700
gravures . . . . . 20 »
DRAINAGE (Traité du), par LECLERC, 1 vol. in-12 de 364 pages et 127 gravures . . . 3 50
FLORE DES JARDINS ET DES CHAMPS, par LEMAOUT et DECAISNE, 2 vol. in-8 . . 9 »
HORTICULTURE (Encyclopédie d'), 2ᵉ édition, 1 vol. in-4° de 500 pages avec 500 gra-
vures (forme le tome V de la *Maison rustique*) . . . . . 9 »
IRRIGATEUR (Manuel de l'), et *Code,* par VILLEROY, 384 pages in-8 et 121 gravures . . 5 »
IRRIGATION DES PRAIRIES, par KEELOFF, 1 vol. in-8 de 234 pages et 1 vol. atlas . . 9 »
JARDINIER DES FENÊTRES et des petits jardins, par Mᵐᵉ MILLET-ROBINET. 1 v. . .
JOURNAL D'AGRICULTURE PRATIQUE, sous la direction de M. BARRAL, par MM. DE 1 75
GASPARIN, BOUSSINGAULT, BORIE, DE LAVERGNE, MOLL, VILLEROY, VILMORIN, etc. Un n° de 48 à
64 pages in-4 et nombreuses gravures, les 5 et 20 du mois. — Un an . . . . . 16 »
MAISON RUSTIQUE DU 19ᵉ SIÈCLE, cinq vol. in-4° et 2,500 gravures 39 50
MAISON RUSTIQUE DES DAMES, par Mᵐᵉ MILLET-ROBINET. 2 vol. in-12 et 230 grav. . 7 50
MANUEL GÉNÉRAL DES PLANTES, ARBRES ET ARBUSTES. Description, culture
de 25,000 plantes indigènes ou de serre, par JACQUES, 4 vol. in-8 à 2 colonnes . . . . 56 »
REVUE HORTICOLE, rédigé sous la direction de M. BARRAL, par MM. BORIE, CARRIÈRE,
DU BREUIL, GRŒNLAND, HARDY, MARTINS, VILMORIN, etc. — Un n° de 32 pages les 1ᵉʳ et 16
du mois, et nombreuses gravures. — Un an . . . . . 9 »
VERS A SOIE (Manuel de l'Éducateur de), par ROBINET, 1 vol. in-8 et 51 gravures . . 3 50

BIBLIOTHÈQUE DU CULTIVATEUR, publiée avec le concours du Ministre de l'Agriculture.

EN VENTE : 19 VOLUMES IN-12, A 1 FR. 25 LE VOLUME, SAVOIR :

Travaux des Champs, par BORIE, 230 pages et 150 gravures 1 25
Fermage (estimation, plans d'améliorations, bail), par DE GASPARIN, 3ᵉ édit. 584 pages . 1 25
Métayage (contrats, effets, améliorations), par DE GASPARIN, 2ᵉ édition, 166 pages . 1 25
Fumiers de ferme et composts, par H. FOCQUET, 2ᵉ édition, avec gravures 1 25
Engrais et Amendements, par H. FOUQUET, 2ᵉ édition, avec gravures 1 25
Noir animal, par BOBIERRE, 156 pages et 7 gravures 1 25
Prairies, par DE MOOR, 212 pages et 77 gravures 1 25
Plantes-racines, par LEDOCTE, 232 pages et 20 gravures . . . 1 25
Houblon, par ERATH, traduit de l'allemand par NICKLÈS, 128 pages et 22 gravures . . 1 25
Vaches laitières (Choix des) par MAGNE, 3ᵉ édition, 144 pages et 30 gravures . . . 1 25
L'Éleveur de Bêtes à Cornes, par VILLEROY, 2ᵉ édition, 438 pages et 60 gravures . 1 25
Races bovines par DAMPIERRE, 2ᵉ édition, avec gravures . . . 1 25
Cheval (Choix du), par MAGNE, 150 pages et 5 planches . . 1 25
Médecine vétérinaire, par VERHEYEN. Tome 1, 178 pages 1 25
Basse-cour, Pigeons et Lapins, par Mᵐᵉ MILLET, 4ᵉ édition, 180 pages et 25 gravures . 1 25
Économie domestique, par Mᵐᵉ MILLET-ROBINET, 234 pages et 21 gravures . . 1 25
Conservation des fruits, par Mᵐᵉ MILLET-ROBINET, 144 pages . . 1 25
Le Jardin du cultivateur, par NAUDIN, 188 pages et 34 gravures 1 25

TOTAL DES 19 VOLUMES 23 75

BIBLIOTHÈQUE DU JARDINIER, publiée avec le concours du Ministre de l'Agriculture.

EN VENTE : 10 VOLUMES IN-12, A 1 FR. 25 LE VOLUME, SAVOIR :

Jardins (Tracé et ornementation des), par BONA. 172 pages et 104 gravures . . . 1 25
Arbres fruitiers (taille et mise à fruit), par PUVIS. 2ᵉ édition, 220 pages . . . 1 25
Greffe, par NOISETTE, 2ᵉ édition, 238 pages et 6 planches 1 25
Pépinières, par CARRIÈRE, 144 pages et 16 gravures 1 25
Asperge (culture naturelle et artificielle), par LOISEL, 2ᵉ édition, 108 pages et 6 gravures . 1 25
Melon (culture sous cloche, sur butte et sur couche), par LOISEL, 5ᵉ édition, 112 pages . . 1 25
Dahlias, par PÉPIN, 2ᵉ édition 156 pages et 36 gravures 1 25
Œillet, par le baron DE PONSORT, 2ᵉ édition, 196 pages et 1 planche . . . 1 25
Pelargonium, par THIBAULT, 108 pages et 10 gravures 1 25
Plantes bulbeuses, par CH. LEMAIRE, 592 pages 1 25
**Rosiers, Violettes, Pensées, Primevères, Auricules, Balsamines, Pétunias et Pi-
voines,** par MARX LEPELLETIER. 108 pages 1 25
Chimie et Physique horticoles, par DEHERAIN, 120 pages et 11 gravures . . . 1 25

TOTAL DES 10 VOLUMES 12 50

PARIS. — IMP. SIMON RAÇON ET COMP., RUE D'ERFURTH, 1